気象の教室 1

# グローバル気象学

廣田 勇 著

東京大学出版会

Global Meteorology

## 「気象の教室」シリーズ
## 刊行に当って

　近年，天気予報の精度は着実に向上している．現在の天気予報は，物理の法則に基づいて気象の変化をコンピューターで計算する「数値天気予報」が中心になっているから，天気予報の精度の向上は，大気中の多種多様な現象の物理的機構についての研究の進歩の反映にほかならない．

　このシリーズは，気象についての多方面にわたる知識の進歩を多くの人々に伝えようとする教科書的シリーズである．しかし，教科書といっても枝葉を切り落として基礎だけを記述するというのではなく，身近に見られる気象を直接対象とし，それが何故そのような形で現れるのかをわかり易く解き明かすことを目標とした．また，天気予報と同様に現代の気象研究では必須の方法となっているコンピューターを用いた大気現象のモデリングをまとめて解説し，さらに，このように多様化し急速に変貌しつつある気象学を中・高校教育の現場に持ち込む試みをも含めた．

　いま，社会における気象学のあり方が大きく変わりつつある．人間活動による気象・気候の変化が予想され，それへの対応は21世紀に向けての全人類の課題となっている．この状況は，現在気象の異変が明らかには見えていないにもかかわらず，理論的予測に立った気象学者の警告に社会が耳を傾け，動きはじめたという点で画期的である．しかし，現在の気象学は，この重大な責任に応えるには力が不足している．もっともっと多くの研究が必要であり，そのためには多くの若い人材に気象学の世界に足を踏み入れてもらいたい．

　このシリーズから，われわれをとりまく大気の多様な姿の中にひそむ自然のからくりの不思議とそれを解き明かす面白さを読みとり，気象への関心を高めていただければ幸いである．

浅井冨雄<br>
松野太郎

# まえがき

　いまからちょうど10年前に，東京大学出版会からUPアースサイエンスの一巻として『大気大循環と気候』を上梓した．その内容は京都大学理学部の2・3年生を対象とした地球物理学入門の講義ノートを下敷きにして，大規模な大気現象を観測と理論の両面から巨視的にとらえることを目的にしたものであった．幸いにして，その小冊子は多くの若い読者を得，その中には現在も本格的に気象学・大気物理学に取り組んで優れた研究成果をあげるまでに成長した人々も少なくない．

　その後の10年間，気象衛星や大型レーダーに代表される観測の進歩と相まって，大気物理学はますます発展し，従来にはなかった新しい概念の確立や研究対象の拡大が見られている．特に最近は「地球環境問題」として，さまざまな大気現象やそれに関連する物理・化学過程を，グローバルな視点でとらえようとする動きが活発であるように見受けられる．

　しかしながら，ちょうど物理学におけるニュートンの力学やマクスウェルの電磁気学などと同じように，新しい大気物理学の発展をめざすためにも，古典的・基礎的な物理法則の重要性は不変である．さらに言えば，自然を見つめ，現象の事実を知り，それを整理して解釈し，やがて一つの認識体系にまで高揚せしめる科学の方法論は，どの時代，如何なるテーマに対してもしっかりと身につけていかねばならない．

　その意味で，本書の前半部分は前掲の旧著『大気大循環と気候』に述べた基本的な考え方と軌を一にしているが，それは決して安直な書き直しではない．この10年間における私自身の知見の補強もいささか加えたつもりである．

　逆に後半部においては，旧著で意識的に避けた波動論への深入りを試みた．その理由は，近年における大気波動論の進展もさることながら，波動の現象論と理論とを背景に大循環の本質を解釈しようとするアプローチが大気科学の恰好の教材であると信じているからである．

　本書の執筆に当って，「気象知識の利用や応用」などという目的の読者は

いっさい念頭に置いていない．主たる対象は，広く地球科学をめざす教養課程および学部学生，理科の教師，それに（ほんのひとにぎりの）美学鑑賞者である．

　記述に際しては，数式は大学教養課程のレベルに留め，饒舌を厭わず物理的意味や考え方の説明に紙数を費やした．題材の取捨選択や解釈において，かなり独断的であることは百も承知である．しかし誰が書いても同じであるような本は書きたくなかった．

　さらに欲張った試みとして，息抜きも兼ねて（講義中の余談雑談を生かし），小さな活字の部分で関連する事柄のコメントを書き連ねてみた．一見，不真面目のようなところもあったろうが，それはそれで読者の側が議論をふくらませるヒントにはなろうと思っている．

　本書の性格をひと言で象徴的に述べるなら，これは大衆小説の形を借りた純文学のつもりである．若い人達の真剣なまなざしに期待したい．

[謝辞]

　本シリーズの編者として，また気象学の先輩として，草稿に対し厳しくかつ適切なコメントを寄せてくださった松野太郎教授に心より感謝致します．新しいデータに基づいて何枚かの図を作ることに協力いただいた塩谷雅人・佐藤薫両博士と下田直樹院生の諸氏にも御礼申し上げます．また，本書の出版に関し種々御世話くださった東京大学出版会の清水恵さんに深く感謝致します．

　　　　1992年1月

　　　　　　　　　　　　　　　　　　　　　　　　　　　廣田　勇

# 目次

まえがき

1 序論 ——————————————————————— *1*
   1-1 気象と気象学—— *1*
   1-2 大気大循環のとらえ方—— *4*

2 地球大気の熱収支 ——————————————————— *11*
   2-1 温度分布の統計—— *11*
   2-2 温度分布の特徴—— *14*
   2-3 放射エネルギーの収支—— *16*
   2-4 プランクの法則—— *17*
   2-5 放射平衡温度—— *19*
   2-6 放射平衡と時間スケール—— *20*
   2-7 温室効果—— *23*
   2-8 因果関係の考え方—— *25*

3 大規模運動の特性 ——————————————————— *31*
   3-1 平均東西風—— *31*
   3-2 地球の自転と角運動量保存—— *32*
   3-3 重力の効果—— *34*
   3-4 地球自転の効果—— *37*
   3-5 地衡風—— *39*
   3-6 温度風—— *42*
   3-7 地球規模での温度風—— *43*
   3-8 平均とは何か—— *45*

4 大気の波動 ————————————————————— *49*
   4-1 議論の方針—— *49*

  4-2 形としての波 —— *50*
  4-3 波の表記法 —— *52*
  4-4 復元力と波動方程式 —— *53*
  4-5 自転の効果 —— *56*
  4-6 球面の効果 —— *58*
  4-7 渦度とロスビー波 —— *59*
  4-8 波の成因 —— *63*
  4-9 強制波動 —— *65*
  4-10 不安定波動 —— *68*

## 5 波動の作用 —— *73*

  5-1 伝播と輸送 —— *73*
  5-2 波動の鉛直伝播 —— *74*
  5-3 運動量輸送 —— *79*
  5-4 熱輸送 —— *81*
  5-5 対流圏の大循環 —— *82*

## 6 成層圏・中間圏の大循環 —— *89*

  6-1 中層大気 —— *89*
  6-2 中層大気の観測 —— *90*
  6-3 中層大気の特徴 —— *91*
  6-4 成層圏循環の季節進行 —— *92*
  6-5 平均東西風と波動 —— *94*
  6-6 ロスビー波の鉛直伝播 —— *98*
  6-7 重力波の鉛直伝播 —— *102*
  6-8 波の働き —— *105*
  6-9 中層大気の大循環 —— *108*

## 7 赤道大気 —— *115*

  7-1 赤道と熱帯 —— *115*
  7-2 定常と振動 —— *116*

- 7-3　準二年周期振動—— *118*
- 7-4　赤道波—— *120*
- 7-5　QBOのメカニズム—— *123*
- 7-6　半年周期振動—— *125*
- 7-7　まとめ—— *128*

付　気象学にとってモデルとは何か——巻末エッセイ—— *131*

参考文献———————————————————————— *143*

おわりに————————————————————————— *144*

索引——————————————————————————— *145*

# 1 序論

## 1-1 気象と気象学

　「気象」という日本語がいつ頃からわが国に定着したのかは定かではないが，世間一般の常識から見れば，天気や天候を意味するのが普通であろう．晴雨・寒暖・乾湿・風などの組み合わさった状況がすなわち天気であり，それをもたらす個々の大気現象が気象であるといってもよい．

　しかし，よく考えてみると，「天気」とは，所詮地上の一点から見たある時刻における大気の状況にすぎない．葦の髄から天を覗く，とまではいわないにしても，大気の状態を天気という視点でとらえることは，きわめて限られた物の見方であることに留意しなければならない．

　それでは，地上の一点で見た天気という狭い視野を破って，大気中に生ずるさまざまな現象を自然科学の対象として論ずるにはどうすればよいであろうか．

　「気象学」の発祥はアリストテレスの時代にさかのぼる．現在も国際語（英語）ではそれを"meteorology"という．meteorとは狭義には流星や隕石のことを指すが，広義には上空の出来事全般と考えてよい．-logyとは論ずるという意味であるから，結局，気象学とは，大気現象全般を論ずることであり，当然より広い視野の拡大が必要である．

　具体例をあげよう．たとえば中学校の気象クラブで校庭の片隅に百葉箱を置き，気温や気圧を長期間連続して測ることを試みたとする．これは，地上の一点という限定の中で，時間経過に伴う状況の変化を見ようとする視野拡張の第一歩である．得られた気温や気圧の数値をグラフに描けば，日変化や季節変化のみならず，天気の推移に対応した数日程度の周期的な変化等の特徴を見出すことができるはずである．そして同時に，このような初歩的な努

力の中に，経験事実の定量化，すなわち「観測」と「統計解析」の萌芽をも見ることができよう．

いったん，観測という意識を持ったならば，次に行うべきことは，視点を一点に限定せず現象の空間的広がりに着目することである．たとえば，日本各地の気象台のデータをもとに水平分布図をつくり，「低気圧の中心が九州にあって，西日本は雨，東日本は曇り，北海道は晴」といった天気のとらえ方がそれに当る．事実，悪天をもたらす大気の状況が水平に 1,000 km 以上の広がりを持った組織的な地上気圧分布として見られることを最初に示した「ブランデスの天気図（1820）」の歴史は，現代でもテレビや新聞の天気予報にそのまま引き継がれている．

このような視野の空間的拡大という考えをさらに推し進めるならば，日本付近の地上気圧分布で一つの低気圧をとらえるといった見地から，より広く，陸上から海上へ，中緯度から赤道域・極域へ，北半球から南半球へ，そして地上から高層へ，と次々に新しい発展が可能となる．

同様にして，着目すべき内容も，天気に直接関連した気温や風や雲に限らず，水蒸気やオゾン等の大気成分，日射や赤外放射などのエネルギー量等々，さまざまな気象物理量が考えられる．

このような，対象とする大気現象の内容および領域の拡大にとって，まず最も基本的なことは「観測の意義づけ」である．

気象クラブの百葉箱に象徴される気象観測とは，温度計や気圧計のような「測器」と，それを使っての「測定」および「データ取得」にはじまる．高層観測のための気球によるラジオゾンデ，気象レーダー，あるいはロケットや衛星などの飛翔体も，技術上の難易度において著しい差があるとはいえ，その基本がまず「測器・測定・データ取得」にある点で全く共通している．

しかしながら，これが観測のすべてではない．再び気象クラブを例にとれば，新入生がはじめて手にする気圧計で地上気圧を測定しデータを得ようとするとき，おそらくは「気圧計で気圧が測れる」ことが念頭の第一にあり，「得られた気圧データから何を知りたいか」という目的は二の次なのではなかろうか．裏返して言えば，もしある事柄を知りたいという目的が最初にあるのならば，それを知る手段として気圧計を使うのが最適であるか否かの議

論がまずあってしかるべきであろう．

　つまり，観測という作業には，「何が測れるか」という測定技術上の問題がある一方，他方には「何を測るべきか」という目的意識あるいは問題設定が必要なのである．

　全く同様なことは，すでに測定され終わった種々のデータを統計解析処理しようとする場合についてもいえる．「このデータセットの中から何が検出できるか」と「その現象の解明のためにはどのようなデータを用いればよいか」との全く相異なる発想がありうることを強く心に留めておくべきである．

　もちろん，科学の歴史を振り返ってみれば，目的より先に手段がまずあって，意図せざる偶然の発見や副産物，さらには怪我の功名に類する事例のたくさんあることをわれわれはよく知っている．その意味で気象観測における発見的要素は将来も十分期待できよう．しかしながら，科学における「発見」の意義は，単なる新事実記載の羅列的追加にあるのではなく，それを動機として以後いかなる発展がもたらされるかにかかっているのである．

　したがって，大切なことは，観測における問題意識を確立するための指導原理を持つことである．

　たとえば，われわれはすでに，大規模現象に関して，気圧の水平分布が，地球の自転に伴うコリオリの力を媒介として風向風速と結びつくことを知っている．さらにいえば，その背景には，風を空気の運動としてとらえ，ニュートン以来の運動方程式（運動量保存則）が適用できるという裏づけも持っている．それ故にこそ，気圧計や風速計のような測器を用いて観測することの意義が存在する．同様に気温測定の意義は，単に寒暖を記述することではなく，大気の温度をエネルギーの一形態としてとらえ，熱力学の法則に立脚した理解へのアプローチを試みることにこそある．

　大気現象を支配するさまざまな物理法則，およびそれらの数学的表現としての方程式系に基づいて大気の構造や振舞いを理解しようとする試みを，いま簡単に「理論」と呼ぶことにすれば，上の例でわかるように，観測と理論とは決して相対する手段ではなく，むしろ互いに強く関連し合ったものであることに気づくはずである．そもそも，物理法則自体，思弁的世界の中からアプリオリに生まれてきたのではなく，数多くの観測事実や実験結果の理

解・説明の過程で確立されてきたものなのである．繰り返していえば，観測とは，測定手段（技術）と問題意識（理論）との両面によってはじめて成り立つ奥の深い行為なのである．

　大気現象の諸特性は，人類の長い歴史の中で，目視や体感といった素朴な経験をはじめとして，近代の科学的観測に至る多くの蓄積によって知られてきた．それらは，必ずしも単一の法則から個別的に説明されるものばかりとは限らない．加えられた放射熱が大気中に対流運動を励起し，それに伴って生じた水蒸気の相変化（蒸発や凝結）が熱の形で再び大気運動に影響を及ぼすというように，大気現象は本質的に複合過程である．気温や気圧や運動の多様な組合せの状況を作り出している複合過程を，あるときは最も中心的な要因のみに単純化してその原理を理解し，また一方ではそのようにして得られた素過程の組合せがどのような現象を生み出すかを探る試みが続けられてきた．その中では，当然，諸要因をつなぐ鎖の輪の一つ一つを知るための新しい観測の要請が生まれ，その観測結果を解釈するために新しい理論の進展が必要となってくる．

　以上を要約すれば，われわれの目標は，気象そのものについて知ることよりも，如何にして大気現象の理解に至るか，つまり，気象を対象とした気象学を構築することにある．

> 　囲碁や将棋の専門家（プロ棋士）の中には，それぞれの局面における一手一手に高度の技倆を発揮して高い勝率をあげる「実戦派」と，必ずしも勝敗にはこだわらず，一局全体を一つの作品と見なす「求道派」とがあると聞く．もちろん，どちらがよいかを断定すべき事柄ではない．ただ，本書の性格は後者に近い，とだけ言っておこう．

## 1-2　大気大循環のとらえ方

　さて，それでは次に，前節で述べたような精神に基づき，その具体的な対象として地球規模で見た大気のとらえ方を論じてみよう．

　多くのテキストや辞典の類には，「全地球的規模で起こる大気の循環運動

のことを大気大循環という」といった意味の説明が与えられているが，これだけでは言葉の同義反復にすぎない．問題はそのとらえ方，つまりどこに着眼点を置くか，にかかっている．大循環の形態を示すものとして，普通，月平均した気温や風速の緯度高度分布図が用いられているが，そのためには本来，どのような気象物理量の測定値をどう統計処理したもので見るのが最も適当か，という判断基準がまず必要なはずである．先に述べた指導原理としての物理法則の適用がまさにそれに当る．

　もう一つの着眼点は，これも上に論じたとおりの大気現象の複合性である．大気大循環を英語では"general circulation"という．そのgeneralとは，総合的・全体的という意味であり，必ずしもサイズ（水平スケール）が大きいということではない．たとえてみれば，動物の一個体としての人間を，医学的（もっと厳密には解剖生理学的）にとらえるとき，その構成要素は，循環系，消化系，神経系，さらにはそれを司る個々の器官から成り立っており，それらの総合的作用としてはじめて生命活動が理解できることとよく事情が似ている．

　大気の大循環も，全く同様に，全体とそれを構成する部品，複合過程と個別的現象，といった対応関係を常に念頭において理解を進めていくことが大切なのである．

　このことを具体的に示すために，一枚の衛星写真をながめながら，大循環とは何かを考察してみよう．

　図 1-1 は静止気象衛星「ひまわり」から撮影したある時刻における可視画像である（出来うれば，このような写真を適当な速さのコマ送りしたムービーで見るのが以下の議論に最適なのだが，やむを得ず一枚のスナップショットから想像をたくましくして見てほしい）．

　まず，写真で白く見えるものは雲である．雲にもさまざまなタイプのものがあるが，およそ，高度にして数 km から十数 km の領域における大気の状況を反映している一つの目安と考えてよい．

　雲とは，水（$H_2O$）の液相（雲粒）および固相（氷晶）であり，それは地球表面（海面・陸面）から蒸発した水蒸気がある温度・圧力の条件下で変形したものである．したがって，地球大気中における雲の存在は，温度（熱

**図 1-1** 気象衛星「ひまわり」の全球雲画像（1990 年 3 月 14 日，写真提供・気象庁）

エネルギー）と不可分の関係にあることがわかる．その温度を決定する要因としては，もちろん，太陽からのエネルギー入射（日射）がある（ただし雲が白く見えることからも直観的にわかるように，太陽入射光の一部は反射されて宇宙空間に戻っていく）．一方，ここには図示しないが，赤外線画像で見ても，図 1-1 の雲分布とほぼ同じものが得られる．これは，地球表面および雲頂面からそれぞれの温度に応じた熱エネルギーが赤外放射の形で地球系外に逃げ出していることを意味している．さらにまた，少し異なった赤外波長で観測すれば，大気層それ自体から放射されるエネルギーのあることもわかる．

温度分布を決める第二の要因は，地球が文字どおり球形をしていることである．当然，太陽からの入射エネルギーの受けとめ方は緯度によって異なる．図1-1に見られる赤道低緯度域に東西に伸びる帯状の雲分布と，中高緯度の東西にムラのある雲分布との違いは，熱帯・温帯・寒帯という気温の緯度分布と深く関連している．

　このような温度分布（およびその反映としての雲分布）は，日変化，日々変化，季節変化というように時間的にも変動している．しかし，ある長期間にわたって，しかも地球規模でとらえる限り，一定の平衡状態を保っているはずである．その意味で，大気大循環をとらえる第一の視点として，地球大気の「熱収支」あるいは「熱エネルギーバランス」という考え方が浮かび上がってくる．

　次に，熱のことをいったん忘れて，地球上の大気を，あたかも温度や密度が一定であるような流体層と考えてみよう．そのとき，雲の分布や時間的変動は，流体の運動を可視的に追跡する目印（tracer）として使える．

　赤道領域に東西に伸びる帯状の雲は，（ムービーで追いかけると）全体として東から西へ移動している．一方，中高緯度のムラのある雲の塊は，大きな渦状運動を示すと同時に，全体として西から東に向かって進んでいる．このような雲の大まかな動きは，いわゆる「低緯度偏東風」と「中緯度偏西風」の反映にほかならない．実をいえば，この地球規模の偏東風と偏西風の存在は，15世紀のコロンブスに代表される大航海時代の船乗りたちによって夙に経験的事実として知られていた事柄である．（17世紀の後半，ニュートンと同時代の天文学者ハレーは，帆船航海の経験から得られた地球規模の風系図をもとに，大気大循環を物理学的に解釈しようと試みている．）

　ここで一つの「思考実験」をしてみよう．いま大気を地球上に乗った一様な流体層と考える．もし大気と地球表面との間に非常に強く摩擦が働いているならば，最終的には流体は地球にへばりつき，対地速度（地面に相対的な運動）を持ち得ない．つまり，地球上に風は吹かないはずである．この事情を，太陽系内の絶対静止座標系から見れば，固体地球とその上の流体層はともに地軸のまわりに（地球自転と同じ）一定の回転角速度を持っていることになる．これは，ニュートン力学の慣性の法則から，角運動量が一定に保た

れている，といい直すことができる．

　ところが，現実の大気のように，赤道域で東風，中緯度で西風が吹いている状況では，絶対静止座標系から見て，前者は固体地球の自転角速度より遅く，後者は速く回転している．流体層と固体地球との回転角速度に差があれば，摩擦の効果によってブレーキ作用が働くから，西に向かう風（東風）は逆向き（東向き）の，西風は西向きの力をそれぞれ受けているはずである．

　にもかかわらず，地球上の東西風系と固体地球の自転がともに時間的にほぼ一定の状態を保っているのは，偏東風域で大気が固体地球から東向きの角運動量をもらい受け，それを何らかの方法で中緯度に運び，偏西風域で再び固体地球に戻してやることによって全体としての角運動量保存の要請を満たしていることを意味している．

　以上のような考察から，大気の大循環をとらえる第二の視点として，「角運動量の収支」という考え方が強く浮かび上がってくる．その要因は，地球が球体であること，およびそれが一定の角速度で自転していること，の二つである．

　もちろん，角運動量の収支に関係する大気の運動とは，東西方向に一様な，緯度のみの関数の東風や西風だけではない．再び図 1-1 の衛星写真を見ればすぐ気がつくように，雲の動きから推定される大気の運動は，大小さまざまな時間空間スケールを持った擾乱（平均状態からのずれ，乱れ，ゆらぎ）を内在している．そして，その擾乱の性質，すなわち，一様な流れの場の中でどのような乱れが作り出されそれらがまた大きな流れの場をどう変えていく作用を持っているかということは，回転球面上で重力に支配された流体運動の力学理論の見地と，それを十分にふまえた観測とによって解明されるべき問題である．いずれにせよ，ここにおいてもまた，角運動量収支から見た大気大循環像が全体と部品の二重構造を持っていることに注目すべきである．

　上に述べた角運動量収支から見た大循環のとらえ方の中に，太陽放射とか熱とかのキーワードが全く出てこなかったことに気づかれたであろうか．回転球面上の流体運動に関する力学の枠組は，本来，太陽が存在しなくても，つまり暗黒惑星上でも成り立ちうる議論なのである．

　一方，現実の地球大気中における運動が，多くの場合熱と不可分の関係に

あるのは，対流現象一つを考えただけでも自明であろう．しかしながら，大気の運動が，熱力学と流体力学の要請を同時に満たすことは必ずしも自明とはいえまい．それは，運動の形態と温度構造の双方が互いに矛盾なく存在しうるための強い束縛条件となっているはずである．先に，大気現象を「複合過程」と呼んだが，その意味は，単に複数の過程が並列的に共存しているというだけではなく，そのことによってある必然性が生じてくるという，一段と深い奥行きを持ったとらえ方なのである．

以下，本書では，これまで述べたように，観測と理論との融合を縦糸に，熱収支と角運動量収支とを横糸にして，話を進めていくことにしよう．その目指すところは，部品と全体との関係としての大循環像を浮かび上がらせること，すなわち大循環論の構築である．

> 講義の1回目でこのような議論をすると，2回目からは出席者の数が半分近くに減る．聴講を断念した学生はある意味で賢明である．彼等の求めていた事典的知識の切り売りは到底与えられないからである．その代り，残った学生たちの喰い入るような瞳の輝きに向かって，私は全力投球を続ける．

# 2 地球大気の熱収支

## 2-1 温度分布の統計

　前章では,一枚の衛星雲写真をもとに,大気大循環に関するいくつかの基本的考察を行った.それと同様に,ここでもまず,地球規模での大気温度の分布に関する観測事実から出発して,いくつかの問題提起を行うことからはじめよう.

　図2-1は,ある日(1987年1月24日)の北半球500 mb面(高度約5.5 km)における気温の分布である.このような図は,各高度につき,しかも毎日得られる.すなわち,気温 $T$ は,本来緯度 $\varphi$,経度 $\lambda$,高度 $z$,時間 $t$ の4変数の関数 $T(\varphi, \lambda, z, t)$ であり,図2-1はそれを特定の高度と時間について取り出した2次元表示 $T(\varphi, \lambda)$ である.

　このような4次元量から,2次元量,さらには1次元量への抜き取り方法はいろいろあり得る.そしてそれは,何を見ようとするかの目的に応じて個々に決められるべきことであるのは先に述べたとおりである.

　いま,温度分布を手がかりに,地球の熱バランスを考えようとするのであるから,見たいものは,ある程度長い期間,たとえば季節といった長さの時間平均である.具体的には冬と夏に対応して1月と7月の1ヵ月平均,あるいは12～2月と6～8月の各90日間の平均を作ってやればよい.さらに,そのような平均を特定の年だけではなく,10年間とか30年間とかにわたって重ね合わせればデータの信頼度はより高まる.

　同様に,地球の熱バランスを,球面上の日射との関係でとらえようとするのであるから,次に着目すべきは緯度分布である.そのためには,各緯度円に沿って平均を取ることにより,経度方向(東西方向)の変化を消去すればよい.

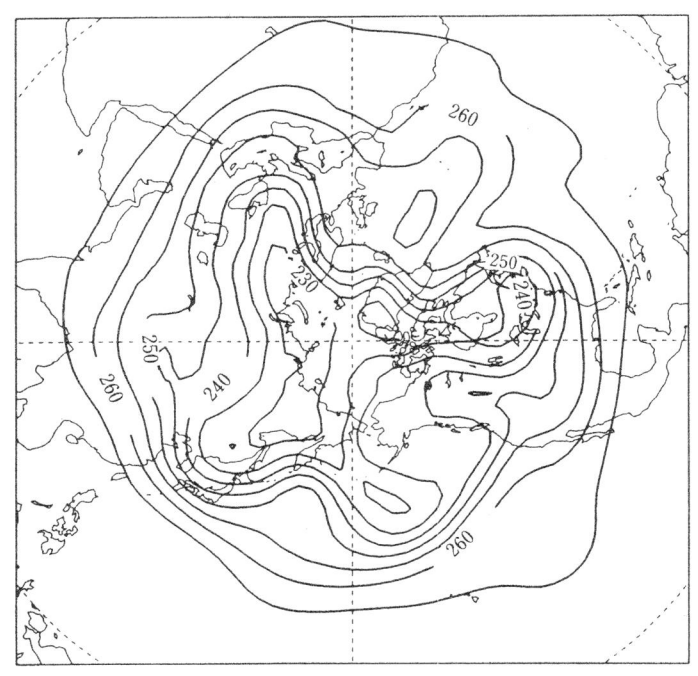

図 2-1　北半球 500 mb の気温分布図（1987 年 1 月 24 日）
数字の単位は °K．

　その結果，気温分布の特徴を示すものとして，図 2-2 の $T(\varphi, z)$ すなわち全球にわたる緯度高度分布図が得られる．

### 図 2-2 に関するいくつかの注意点

(1) 以下本書に示すさまざまな図において，その図の作り方について逐一細かい説明はしないが，みなそれぞれ，ある明確な根拠（問題意識）をもって作られたものであることに注意してほしい．優れた研究論文は，その中に示されている代表的な図（グラフやダイヤグラム）とともに印象づけられ記憶されることが多い．それは，図中の数量や分布の事実のみならず，言わんとする特徴を示す切り口の鮮かさを反映しているからである．

(2) 平均操作技術の問題．平均とは，連続量なら積分，離散量なら算術和である．時間平均を ‾（バー）で表わせば，任意の物理量 $X$ について，

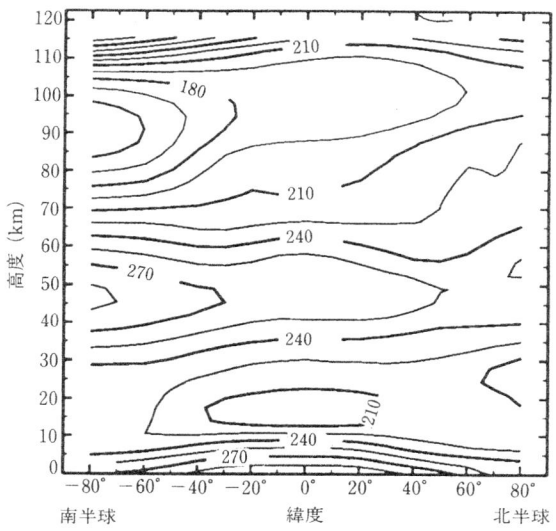

**図 2-2**　1 月における帯状平均温度の緯度高度分布（CIRA 86 による）
単位は °K．

$$\bar{X} = \frac{1}{T}\int_0^T X(t)dt$$

あるいは，

$$\bar{X} = \frac{1}{N}\sum_{i=1}^N X(t_i)$$

と書き表すことができる．

　同様に緯度円に沿った平均（帯状平均：zonal mean）を [ ] で表せば，

$$[X] = \frac{1}{2\pi}\int_0^{2\pi} X(\lambda)d\lambda$$

あるいは，

$$[X] = \frac{1}{M}\sum_{j=1}^M X(\lambda_j)$$

と書ける．

　積分（あるいは算術平均）とは要するに足し算のことだから，時間と空間の両方についての平均を考える場合，その操作順序を入れ換えても結果は同じである．すなわち，次のとおりである．

$$[\bar{X}] = \overline{[X]}$$

(3) 図2-2を見て，大循環の部品といっていた擾乱（図2-1の東西方向に波打っている変化）を置き去りにしてよいのか，と首をかしげる人は，その疑問を第3章の終りまでしまっておいてほしい．

(4) 図2-2の平均期間である1月は，北半球が冬，南半球が夏に当っている．したがって，もし南北両半球の季節進行がほぼ対称的であると仮定するならば，この図の右半分が冬半球，左半分が夏半球，と読み換えることも許される．さらに，もしそうならば，赤道上では1月と7月とがほぼ同じ状態を示すわけだから，赤道域には半年周期成分の存在することが示唆される（第7章参照）．

(5) 図2-2（および後出の図3-1）は主として近年の気象衛星観測を用いて作った最も信頼度の高いものである．これをCIRA (COSPAR International Reference Atmosphere) と呼ぶ．

### 2-2　温度分布の特徴

図2-2に示された，1月の帯状平均の気温の緯度高度分布 $[\bar{T}](\varphi, z)$ に見られる特徴を列挙すれば，

(1) 緯度にかかわりなく高度分布を見れば，地上から約10 km（赤道域では約15 km）あたりまで気温は高度とともに減少している．その割合はおよそ10 kmにつき50～60°K．それより上では高度とともに気温が上昇し50 km付近で最大となる．それ以高では再び減少し高度90～100 km付近に低温層が見られる．気温の高度分布を基準に大気の領域区分をしたのが，下から順に，対流圏，成層圏，中間圏である．

(2) 高度10 km以下の下層大気（対流圏）では，赤道域が高温，両極が低温，のほぼ一様な温度傾度が存在する．赤道-極間の温度差はおよそ40°K．夏半球と冬半球との間に定性的な差はない．

(3) 高度20～60 kmの領域では，夏極が高温，冬極が低温で，その差は両極間で約50°K．70 km以高では逆に夏極が低温，冬極が高温であり，その差はやはり約50°Kである．

上に述べた(2)と(3)とを組み合わせると，さらに別の見方が生ずる．すなわち，地軸と公転面との傾きに起因する季節（夏冬の差）が気温の形で鮮明

に反映しているのは高度20 km以高の領域（成層圏・中間圏）であり，それに比べれば，対流圏の夏冬の差は無視できるほど小さい．つまり，「対流圏には季節がない！」といってよい．

日本列島の上だけで，梅雨とか台風とか木枯しとかの天気感覚でものを見ている人にとっては，これは想像だにしたことのない暴論に思えることであろう．だが，このような視点の定め方こそ，本書における大循環論の論たるゆえんである（その意味は以下おいおい明らかとなる）．

季節の現れ方が，対流圏と成層圏・中間圏とでこのように違うことは，太陽から受け取る放射エネルギーを出発点として地球大気の熱収支を考えようとするとき，その結果としての気温分布を決める機構（物理過程）が，下層上層2つの高度領域で非常に異なっていることを強く示唆している．

われわれの最終目的の一つは，上に述べたような地球規模での気温の高度分布・緯度分布および季節変化などを，それを決めているメカニズムに立ち返って総合的に理解することである．

しかしながら，平均気温分布の特徴(1)～(3)ですらかなり複雑である．まして図2-1のような水平分布および日々変化まで含めれば，定性的な説明でさえ多くの難しい問題が次々と生じてこよう．かといって，既知の物理法則をすべて用いて大型コンピュータで数値計算を行うことは，よしんばその結果が図2-2とよく似た数値を示したとしても，それは「理解」という見地からは程遠いといわねばならぬ．

結局，現時点で考えられるアプローチとしては，「急がば回れ瀬田の唐橋」の諺どおり，一見遠回りでも，グローバルに見た地球大気温度を決定する最も基本的なメカニズムにまず焦点を合わせ，次いで（観測事実を念頭に置きつつ）順次より現実に近い具体的な考察に進んでいくことである．

先に述べた気温分布の特徴(2)と(3)から，対流圏では季節など考えなくてもよいと，一見強引に過ぎる見方を示したが，その調子でもっと大胆に図2-2を見直せば，気温の特徴の(1)～(3)に先立つ第ゼロ番目として，

　(0)　気温の値はせいぜい200°Kから300°Kまでの範囲におさまっている．

　　つまり，惑星としての地球大気の温度は約250°Kである．

との見方が生まれてくる．すなわち，太陽放射 vs. 地球温度という巨視的な

立場に立って，まず，温度一定という仮想的な地球を考えるところから出発することにしよう．この想定がそれなりに意味を持っていることの裏づけは後からゆっくり考えても遅くはない．

## 2-3　放射エネルギーの収支

　地球には太陽からの放射エネルギーが常に降り注いでいるにもかかわらず，地球大気全体の持つエネルギー（端的には温度）が時間的に一方的に増大することはない．これは入射してくる太陽エネルギーの総量に見合うだけのエネルギーが，何らかの形で地球系外に逃げ出しているからだと考えられる．つまり，放射の出入り勘定において，ある一つの平衡状態が保たれているわけである．

　この事情を模式的に描いたのが図2-3である．いま，地球の温度は一定と考えるのであるから，この図の緯度がどこであるとか，大気がどのくらい厚みを持っているとかは，さし当り考慮しなくてもよい．

　基本になる放射の量は，次の3つである．

(1) 太陽放射の地球に対する入射量：これは太陽の表面温度，太陽の大きさ，および地球 - 太陽間の距離で決まる．その単位面積当りの大きさを太陽定数（$S$）と呼ぶ．人工衛星観測によればほぼ $S=1,370 \text{ W/m}^2$ である．

(2) 太陽入射の地球による反射量：この反射には雲や地表面（陸面，海水面，雪氷面）による反射のほかに，空気分子等による散乱も含まれる．入射量 $S$ に対する反射（および散乱）の割合を反射能（アルビード，Albedo）と呼び $A$ で表す．これも人工衛星観測によれば地球全体を平均して $A=0.30\pm0.01$ とほぼ一定である．反射された残りが大気および地表面で吸収される．

(3) 地球から宇宙空間へ向けての放射量：これは地球大気および地表面の温度によって決まる量である．

　ここで注意すべきことは，(1)の太陽定数の値がまさに天下り的に与えられたものであるのに対し，(2)の $A$ の値と(3)の地球からの放射（射出）量

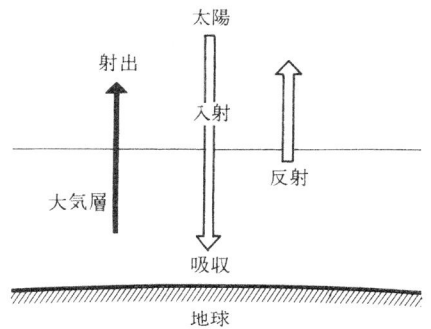

図 2-3　放射エネルギー収支の模式図

は，ともに地球自身の性質（雲や海や雪氷の存在），ひいては地球の温度そのものに強く依存していることである．いいかえれば，上記(1)〜(3)の3者間のバランスとして地球の（平衡状態としての）温度が決まる，と考える一方で，それを決めるメカニズムの中に温度自身が深く関与しているという，きわめて入り組んだ因果関係が存在しているのである．

　地球の温度を一定と考えたり，エネルギーの収支を図 2-3 のように簡略化したりすることは，決して，問題そのものを単純な底の浅いものに変えてしまうことではない．むしろ，簡略化したからこそ本質の奥行きの深さがより鮮明に見えてくるのだ，ということを強く認識してほしい．この点については後ほど 2-8 節で再び触れる．

　図 2-3 の入射と射出の性質を見るために，次節ではより基本的な放射の物理をなるべく簡単に復習してみよう．

## 2-4　プランクの法則

　本書でいう放射とはさまざまな波長を持った電磁波の放射のことである．いわゆる光（可視光線）もその一部であるが，それだけではない．
　すべての波長の放射を完全に吸収する理想的な物体を黒体（black body）といい，その黒体から放出される熱放射を黒体放射という．その強さは，黒体の絶対温度 $T$ と波長 $\lambda$ の関数として，次のように与えられる

(プランクの放射法則).

$$B_\lambda = B(\lambda, T) = \frac{2hc^2}{\lambda^5} \cdot \frac{1}{\exp(hc/\lambda kT) - 1} \qquad (2\text{-}1)$$

ここで $h$ はプランク定数 ($6.63 \times 10^{-34}$ J·s), $c$ は光速度 ($3 \times 10^8$ m/s), $k$ はボルツマン定数 ($1.38 \times 10^{-23}$ J/deg) である.

プランクの公式(2-1)を全波長にわたって積分すると, 放射束密度 $B_0$ が絶対温度 $T$ の関数として,

$$B_0 = \sigma T^4 \qquad (2\text{-}2)$$

で与えられる. これがステファン・ボルツマンの法則で, $\sigma$ ($5.67 \times 10^{-8}$ W/m²·deg⁴) はステファン・ボルツマン定数と呼ばれる普遍量である.

一方, 式(2-1)を波長 $\lambda$ で微分してそれをゼロと置けば, $B_\lambda$ の最大値を与える波長 $\lambda_m$ が求められる. その結果 $\lambda_m T =$ 一定, すなわち「放射強度の極大となる波長は絶対温度に反比例する」という「ウィーンの変位則」が導かれる.

いま, 太陽と地球をともに黒体であると仮定して上記の法則を適用してみよう. (この仮定がそれなりに正しいことは, 実際に太陽放射および地球放射のスペクトル観測から確かめられている.)

太陽の表面温度は約 5,800°K であるから, それに対応した黒体放射スペクトルは波長 0.5 μm にピークを持っている. この最大強度の付近の波長域 0.4〜0.7 μm が可視光線に当る. (これは, 地上動物がエネルギー最大の波長の光をうまく利用するように進化してきたからだ, と考えれば当然のことである.)

一方, 地球からの放射波長域は, ウィーンの変位則からわかるとおり, 低温に対応して波長の長いほう, つまり赤外域に大きくずれている. 地球の温度をかりに 250°K とすれば, 放射強度のピークは波長約 15 μm となる.

このような波長域の違いに着目して, 太陽放射を「短波放射」, 地球放射を「長波放射」と呼ぶこともある.

**注意**
(1) 地球放射は赤外域であるから人間の目には見えない. 宇宙飛行士が肉眼で地球を見ることができるのは, われわれが地上から火星や金星を目

視できるのと同様，太陽光の反射を見ているからである．
(2) 地球放射（赤外放射）を人工衛星から詳しく分光観測することにより，大気の温度構造およびその変動に関する多様な情報が得られ，大循環研究の有力な手段となる（第6章を参照）．
(3) いわゆる温室効果とは，短波放射と長波放射の波長域がほとんど重なり合わずに分離されていることに起因する（2-7節を参照）．

## 2-5 放射平衡温度

2-3節で示した地球の放射収支（図2-3）に関与する基本量は入射，反射，射出の三つであり，その出入り勘定が釣合いを保っていると考えれば，

$$[入射] - [反射] = [射出] \tag{2-3}$$

の関係になっているはずである．

まず，球体としての地球に入射する太陽放射量は地球の断面積（$\pi a^2$：$a$は地球の半径）に$S$（太陽定数）を乗じたもの，すなわち，$\pi a^2 S$である．そのうち，反射される量は反射能（アルビード）$A$を用いて$\pi a^2 SA$と書ける．一方，地球からの射出量は，地球の温度を一定値$T_e$として，単位面積当り$\sigma T_e^4$（ステファン・ボルツマンの法則）．これが地球の全表面積（$4\pi a^2$）から出ていくから，その総量は$4\pi a^2 \sigma T_e^4$となる（図2-4）．

結局，放射の平衡に関する式(2-3)は，

$$\pi a^2 S - \pi a^2 SA = 4\pi a^2 \sigma T_e^4 \tag{2-4}$$

となり，これから直ちに地球の温度$T_e$が，

$$T_e = \left[\frac{S(1-A)}{4\sigma}\right]^{1/4} \tag{2-5}$$

として得られる．この温度のことを，算定の原理に因んで「放射平衡温度」と呼ぶ．

この式(2-5)の右辺に，すでに知られている$S$，$A$，$\sigma$の値を代入すれば，放射平衡温度として$T_e = 255°K(-18°C)$が得られる．この値は，実測の気温分布（図2-2）から直観的に見積った大気層の代表的温度250°Kという値とかなりよく一致している．このことは図2-3，図2-4で模式的に示した放射平衡の概念の正当性を裏書きするものである．本来，大気の温度は時間

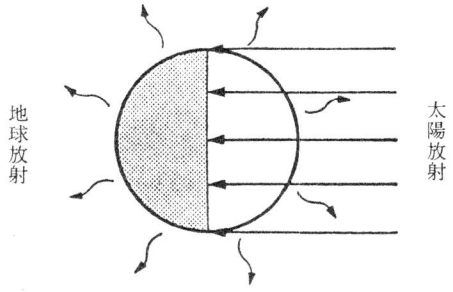

図 2-4　太陽放射と地球放射の関係を表す模式図

と空間（緯度，経度，高度）の関数であるはずなのに，それを一定値と考えてもよい根拠は何か．次にそれについて考察してみよう．

### 2-6　放射平衡と時間スケール

再び図 2-4 に戻って，図の右側の昼の部分と左側の夜の部分とを別々に分けて考える．そして，例のごとく，昼側夜側ともそれぞれ一定の温度 $T_D$，$T_N$ で代表させるとする．この場合も式(2-3)はそのまま適用できるとしよう．つまり昼夜各半球ごとに平衡が成り立っているとするのである（たとえば月の表面温度はこれに近い）．それを昼夜両半球について書けば式(2-4)の代りに，表面積が半分の

$$\pi a^2 S - \pi a^2 SA = 2\pi a^2 \sigma T_{D,N}^4 \qquad (2\text{-}4')$$

となる．

夜側では式(2-4′)の左辺で $S=0$ だから $T_N=0°K$．一方，昼側では式(2-5)に対応して，

$$T_D = \left[\frac{S(1-A)}{2\sigma}\right]^{1/4} = 2^{1/4} T_e$$

$$= 1.19 T_e = 303°K \qquad (2\text{-}5')$$

となる．

この $T_D$ と $T_N$ をあらためて地球全体で平均すれば，約 150°K というきわ

めて低温の"代表的温度"が得られる．しかし，これはこれなりにちゃんと収支勘定が合っている．

その理由はきわめて簡単である．カギは，地球放射が，ステファン・ボルツマンの法則にしたがい，温度の4乗に比例しているからである．4乗でなく1乗（つまり温度そのもの）に比例するのなら，こんなことは起こらない．4乗の代りに2乗としても事情は同じだから，中学生にもわかる式で書けば，

$$\left(\frac{T_D+T_N}{2}\right)^2 < \frac{T_D^2+T_N^2}{2} \tag{2-6}$$

つまり，ムラのある（非一様）温度分布は均一の温度分布より効率的に熱エネルギーを放出できるわけであり，逆にいえば，平均温度（それは1乗の算術平均！）がたとえ低くとも，分布にムラがあれば，全体として放射の収支勘定をまかない得る，ということになる．

同じような議論を，今度は低緯度と高緯度に分けて行うこともできる．緯度30°で地球を輪切りにすれば，低緯度側と高緯度側の地球の表面積はともに $2\pi a^2$ と等しい．一方，図2-4の意味で，太陽放射を受けとる断面積は，緯度30°で切ればその比が約6：4で低緯度側が大きい（簡単な三角関数の積分なので各自確かめられたい）．

したがって，低緯度と高緯度の代表的温度をそれぞれ $T_L$，$T_H$ とすれば，式(2-4)に対応して，

$$0.6\pi a^2 S(1-A) = 2\pi a^2 \sigma T_L^4$$
$$0.4\pi a^2 S(1-A) = 2\pi a^2 \sigma T_H^4 \tag{2-7}$$

と書ける．これにより，$T_L=267°K$，$T_H=241°K$ という値が得られる．この場合の温度の不均一性は昼夜の対比に比べてかなり小さい．

さて，現実の大気においては，昼夜の温度差はたかだか10°K程度（しかもそれはごく地表付近の下層大気に限られたもの）であり，式(2-5')の計算のような300°Kの差はありえない．昼夜に関して均一の温度を考えるほうがはるかに現実的である理由は，放射平衡の考え方をそれぞれの時刻に独立に当てはめるのが不適当だからである．つまり，放射平衡とは瞬間瞬間に独立に成り立つのではなく，平衡に到達するまでにある長さの時間を要するのである．もっと俗にいえば，昼間暖められた大気が夜になって冷えはじめて

も，十分冷えきってしまわないうちにまた朝になって陽が昇ってくるのであれば，式(2-4′)の計算は成り立たない．

　放射の平衡に要する時間の長さ（タイムスケール）の見積りには，実はかなり複雑な計算が要求される．ここでは，ごく大まかな見当をつけてみよう．

　底面積が$1\,\mathrm{m}^2$の大気の柱を考える．その総質量は約$10^4\,\mathrm{kg}$，比熱は約$10^3\,\mathrm{J/kg \cdot deg}$である．図2-3のように太陽からの入射はいったん地面に吸収され，それが赤外放射の形で大気中に再配分されるが，その量は太陽定数（$1,370\,\mathrm{W/m^2}$）から反射による目減りや太陽高度角の時間変化などを勘定に入れて，およそ$300\,\mathrm{W/m^2}$の程度である．したがって気柱全体の温度を$3°\mathrm{K}$上げるためだけでほぼ1日かかる．逆にいえば，図2-1や図2-2に見られるような，地球規模での温度の不均一の幅数十度を放射のみで解消するために要するタイムスケールは，およそ10日～1ヵ月くらいの見当になる．

　これに比べれば，昼と夜をもたらす自転のタイムスケール（12時間）は，はるかに短い．それ故に，昼夜を無視した放射平衡温度の算定が現実の大気をかなりよく表現しているのである．この事情を卑近な例にたとえれば，半円がそれぞれ白と黒のコマを速く回すと，1回転の時間が網膜の残像時間より短いので一様な灰色に見えることとよく似ている．

　一方，低緯度側と高緯度側の温度差は，式(2-7)のような領域分けをした放射平衡の考え方である程度説明できるように見える．

　しかしながら，このことは決して低緯度側と高緯度側の温度がそれぞれ独立に放射平衡を保っていることを意味するものではない．後ほど（第5章で）詳しく説明するように，各緯度間の大気は南北方向の運動によってよく攪拌されている．いまかりに，南北風の速度を毎秒数mとすれば，大気は赤道から極までの1万kmを1ヵ月以内で移動できる．これはまさに放射平衡のタイムスケールと同程度である．つまり，赤道と極間の温度差を構成している要因は，一つには地球が球体であるために太陽光が斜めに入射するという幾何学的条件，他方には大規模運動による南北間の熱交換，の二つが相互に関与しているのである．

　いずれにせよ，地球の熱収支を，放射の「平衡」という見かけ上時間に関係しない状況として取り扱う場合においても，その正当性の裏づけには時間

経過を含んだ物理過程が深くかかわっていることに注意すべきである．

## 2-7 温室効果

放射平衡の概念（図2-3，図2-4）およびそれの最も簡単な数学的表現式(2-4)が，地球の温度の決定の本質的な特徴をよく表していることはこれまでの議論で明らかとなった．それに力を得て，以下では式(2-4)をさらに敷衍して大気温度の立体構造について考察してみることにしよう．

模式図2-3においては，大気の層構造は考えていない．しかし，具体的な個々の空気分子から構成されている大気層は，太陽から入射する短波放射，地球表面から射出される長波放射のそれぞれに対し，異なった作用をもたらしている．

まず，短波放射に関しては，水蒸気とか成層圏オゾンとかによる一部の吸収作用を除けば，およそ短波は大気層を素通りし地表面まで直接到達していると考えてよい．この事情はふつう「大気は短波放射に対して透明である」と表現されている．

これに対し，長波放射のかなりの部分は，大気層中の水蒸気および二酸化炭素などの分子によって吸収される．赤外放射を吸収することによって暖められた大気層は，それ自体の温度に応じた長波放射を（上向きだけではなく），上下両方向に射出する．大気層を連続体と見なし，温度を高さに関する連続関数として扱えば，この赤外放射の各高度における授受は「放射伝達方程式」と呼ばれる微分方程式で記述される．

ここでは，その代わりに，図2-3を少し修正した図2-5に，やはり式(2-4)を適用して気温の上下構造を考えてみよう．

大気層の代表的温度を $T_A$，地面（およびそれに接している大気）の温度を $T_G$ とする．大気層の上端での釣合いは，式(2-4)，(2-5)からそのまま，

$$S(1-A)=4\sigma T_A^4, \quad T_A=T_e \tag{2-8}$$

となる．

一方，大気層内での長波放射の釣合いに着目すれば（もはや面積に関係なく），

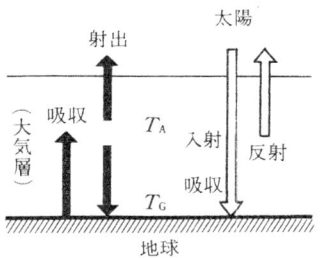

図 2-5　大気が赤外放射を吸収・射出することにより生ずる「温室効果」の模式図

$$\sigma T_G^4 = 2\sigma T_A^4 \tag{2-9}$$

である．右辺の係数2は上下両方向への射出を表している．式(2-9)から直ちに $T_G = 2^{1/4} T_A \fallingdotseq 300°\mathrm{K}$ という高い地表温度が得られる．

実際には，式(2-9)の左辺で，大気が受け取る放射量は $\sigma T_G^4$ のほかに，太陽短波放射の吸収も少しはあろうから，その分をも式(2-9)に取り込んでやれば，$T_G$ は上に求めた値（300°K）より幾分かは小さくなろう．

いずれにせよ，$T_G$ が $T_A$ より数十度高いのは，大気層が赤外放射を遮蔽する作用を持っているからである．これがいわゆる「大気の温室効果」と呼ばれるものである．事実，300°K弱という $T_G$ の見積りは，図2-2の地上における平均値（約290°K）をきわめてよく説明しているといえよう．

> 「温室効果」という名称は，寒冷地で熱帯植物などを育てるガラス張りの小屋（green house）に似ているところから名づけられたものである．たしかに，短波の透過，長波の遮蔽という点で大気とガラス屋根の作用は原理的に共通であるが，現実の温室の保温効果は，放射の授受のみではなく，人工的なヒーターやガラス屋根（および壁）による外からの寒気流入防止などにも大きく依存している．したがって，大気とグリーンハウスのアナロジーは必ずしも完全ではない．

## 2-8　因果関係の考え方

　本書の目的は，気象知識の切り売りではなく，大気現象の物理的理解にあるのだから，この章を終えるに当って，放射平衡の考え方の裏にひそむ諸問題を，因果関係の見地からさらに詳しく考察してみようと思う．（このような議論を，くどいとか，面倒くさいとか思う人は，直ちに本書を捨てて立ち去ってもらって構わない．）

### a)　アルビード $A$ の問題

　式(2-4)では反射の項を左辺に置き，あたかも「入射から反射を差し引いた正味の加熱量に対応して地球の温度が決まる」かのように右辺の $\sigma T_e^4$ の項を扱った．式(2-5)では $A$ は観測値として与えられただけである．

　しかし，先にも少し触れたように，アルビードとは本来雲や雪氷等，地球の諸要素によって支配されているはずのものであり，端的には温度の関数であるといってよい．したがって，式(2-3)は

$$[入射] = [反射] + [射出]$$

式(2-4)は，

$$S = SA(T_e) + 4\sigma T_e^4 \qquad (2\text{-}10)$$

のように $A$ を右辺に置き，$S$（不変量）に対して右辺の変数 $T_e$ が決まると考えたほうが，原因と結果の関係が明瞭になる．つまり，観測される $A$ =0.30 という値の意味を，不変量とは考えず（雲や雪氷の形成の詳細はまだわからないが），地表温度の平均値が約 290°K のとき，たまたま $A$=0.30 になっているのだ，と解釈するわけである．当然，異なる平均温度に対して，$A$ は異なる値を持ってよい．

　$A(T)$ の関数形はいまのところよくはわからないが，式(2-10)の右辺第 2 項の $T_e$ を少し小さくしたとき，その分 $A(T_e)$ が大きくなれば（具体的にいって，低い温度のとき雪氷量が多ければ），それなりに熱のバランスは異なる温度でも成り立ちうる．もっと強引にいえば，もし $A(T) = 1 - 4\sigma T^4/S$ の形をしていれば平衡は如何なる温度でも成り立つ（極端な例：絶対温度ゼ

ロ，真白に凍結した地球，入射をすべてはね返す $A=1.0$．ただし，$A\geq 0$ の制限はあるから灼熱地球の平衡はありえない）．

ところが，このような考え方を下手に弄ぶと，とんでもない間違いをすることがある．1960 年代に観測された地球表面温度の全球平均値が 10 年間につき 0.3℃ ばかり下降傾向を示した．その頃，「地球は寒冷化しつつある．やがて氷河期に襲われる」との俗説が巷間に流布した．その根拠として「もし何らかの理由で温度が低下すれば，それに応じて地上の雪氷量が増え，アルビードの値も増大する．したがって正味の太陽放射入射量が減り，寒冷化の傾向はますます助長される」という説明が用いられた．

しかし，これは式(2-10)の右辺の二つの項で，温度低下による $SA(T)$ の増え方と $4\sigma T^4$ の減り方のどちらが大きいかをきちんと比較しておかないと何も言えないはずである．

実際には，現実の地表平均温度 290°K の近傍に関する限り，観測による温度の高低と雪氷量の大小の関係からの経験則によって，$SA$ の増加量より $4\sigma T^4$ の減少量のほうが大きいことがわかる．したがって式(2-10)の平衡を保つためには，いったん低下した温度がもとに回復する方向に動かねばならず，一方的な寒冷化は生じないという結論になる．ここに述べた寒冷化説否定の内容は物理学の用語で「現実的なアルビード関数に関する限り，放射平衡温度は摂動に対し安定である」と表現することができる．

**放射平衡の安定性に関するコメント**
(1) ここでは反射量 $SA$ と長波放射量 $4\sigma T^4$ の増減の関係を，大気層の厚みを考えない式(2-10)に基づいて説明したが，大気の温室効果を考慮に入れても安定性という考え方の本質は変わらない．ただし，アルビード $A$ の温度依存性だけではなく，温室効果に関与する水蒸気量が平均温度の変化に伴ってどう増減するか（したがってそのフィードバックがどちらの方向に作用するか）は未知の難しい問題である．
(2) 現実の地球の平衡温度と異なった温度での他の平衡状態は理論的にありうる．それらの中には不安定な平衡状態，つまり，温度の変化が一方的に拡大する場合もある．それ故，本文では「290°K の近傍に関するかぎり」と断わったのである．

### b) 入射と射出の緯度分布

アルビードの温度依存性の話はさておき，現実の地球において，正味の太陽入射量が年間を通して各緯度帯にどれだけ与えられているかは人工衛星等による測定から知ることができる．同様に，地表および大気の温度に対応した上向き長波放射量も各緯度帯ごとに観測値として与えられる（図2-6）．短波入射と長波射出の出入り勘定をするのだから，その量は単位面積当り1日の加熱・冷却量で表すのが適当である．さらに，地球が球体であることを考慮して，表面積の重みをつけて表すため，図の横軸は緯度のsinで目盛ってある．

このように，1年間をならした量で考える以上，先に2-6節で議論した放射のタイムスケールより十分長いから，もし南北方向の熱の交換（均一化作用）が無視できるほど小さいならば，各緯度ごとにそれぞれ放射の平衡が独立に成り立っているはずである．

ところが，図2-6を見てすぐわかるように，緯度40°あたりを境にして，低緯度側では加熱が冷却を上回り，逆に高緯度側では長波放射冷却のほうが大きく，緯度ごとに独立の平衡は成り立っていない．もちろん，地球全体では熱の出入りがバランスしているから，図の実線および破線のカーブの下側

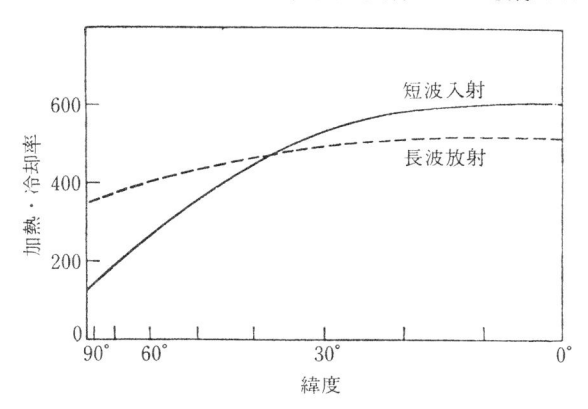

図2-6 大気上端における短波入射と長波放射の緯度分布（年間平均）
単位は cal/cm²·day. 横軸は地球の表面積を考慮して緯度の sin で目盛ってある．

の面積（総量）はどちらも等しい．同じことだが，緯度40°を境とする熱の過不足（2本のカーブにはさまれたクサビ型の面積）は互いに相等しい．

> プロ野球シーズン中，6チームの勝敗表を見るたびに，私はいつも図2-6を連想する．貯金の総量＝借金の総量．

　さて，問題はこの赤道側と極側の熱の過不足をどう解釈するかにある．これこそが，大循環を論ずるための第1の視点であった「地球規模での熱収支」そのものであるといってよい．

　本節の主題である因果関係を考える際に，「平衡」という概念の中に安直に時間経過を持ち込むのは危険なのであるが，話をわかりやすくするために，いま，大気運動による熱の水平（南北）交換がないと仮定したとき，緯度別の熱の過不足はどうなるか，を考えてみよう．

　短波入射は基本的に太陽定数と地球の幾何学で決まるとすれば，これは動かし難い．とすれば，平衡をもたらすためには，極側の気温が下降，赤道側の気温が上昇しなければならない．図の2本のカーブが完全に一致したときの温度を計算してみれば，その値は，図の破線に相当する現実大気の温度に比べ，極で約30°K低く，赤道で同じく約30°K高いような分布となる．つまり，実測では極と赤道の温度差が約40°Kであるのに対し，このような仮想的な平衡温度は約100°Kという大きな南北温度差を持つ．

　これに対し，式(2-5)で求めた，もう1つの仮想的温度 $T_e$ は，地球上すべて一定と考えたのであるから，南北温度差はゼロ，すなわち図2-6では水平の直線となるべきものである．

　多くのテキストでは，図2-6を「出発点」とし，低緯度側と高緯度側の熱の過不足を解消するために（あるいは解消するような）大規模運動が生ずる，との見地で大循環を論じようとしている．その方針は必ずしも間違いではないが，しかし，それだけでは完全ではない．

　図2-6に，$\sigma T_e^4 =$ 一定の直線を加えたものを用意して，因果関係の見地から，次の2つのシナリオを想定することができる．強調すべきは，どちらのシナリオも，観測される長波放射の分布（破線）を「出発点」とはせず，むしろ「到着点」と考えることである．

(1) 温度一定の大気を考える．この場合，低緯度側と高緯度側の熱の過不足はきわめて大きい．それを平衡に保つために，気温が赤道で上昇極で下降するばかりでなく，赤道から極へ熱を運ぶような大規模運動が生ずる．単純にいえば，加熱・冷却が原因で，運動がその結果である．十分運動が発達して，それによって運ばれる熱が，ちょうど過不足を補うようになったところで運動の発達は止まる．その状態が図2-6である．

(2) 短波放射と長波放射がちょうど釣り合うような，南北温度差が100°Kの大気を考える．地球の自転と重力の作用下において，このような温度差を持つ大気は力学的に平衡状態ではありえない（その理由は次章以下で述べる）．南北方向の運動が生ずれば，それはやはり赤道から極へ熱を運ぶから（その理由も後述する），短波放射と長波放射との間にズレが生ずる．この場合，やはり単純にいえば，運動が原因で生じた熱の過不足は結果である．生じた過不足の大きさが，ちょうど運ばれて来る熱量と釣り合ったところで南北温度差の解消は止まる．その状態が図2-6である．

以上，一見相違なる2つの見方を，やや長々と説明した．要するに，言いたいことは，どちらのシナリオも，図2-6（すなわち観測事実）を，短波入射 $R_S$，長波放射 $R_L$，大規模運動による極向き熱輸送 $H$ の3者が釣り合った平衡状態と見なすことにある．図2-6が大循環論の出発点ではなく，到着点であるといった意味がこれでおわかりいただけよう．

何を原因と考え，何を結果と見なすか，という論理の筋道を，くどいようだがもう一度整理すると，式(2-10)のような書き方にならえば，シナリオ(1)は $R_S - R_L = H$ のように長波放射の項を左辺に置き，一方シナリオ(2)は $R_S - H = R_L$ のように熱輸送を左辺に置くことに相当する．これに対し，結局は3者間の釣合いだとする考え方は，$R_S = R_L + H$（あるいは $R_S - R_L - H = 0$）と書くことに当る．

最後のような書き方をする限り，先に述べたアルビードと温度の話と同様，もはや単純に原因と結果とを分けて考えることは難しい．しかしながら，これは決して「平衡状態」と「因果関係」とが互いに相容れない概念であることを意味するものではない．2-7節で論じたタイムスケールの概念でもおわ

かりのように，平衡という考えの奥にも時間経過を含んだ物理過程が介在している．トータルで見たバランスの中に，どのような個々の物理過程が関与しているかを探ることは，たとえ表面的には原因と結果とに区分できずとも，問題の本質の理解につながってくるはずである．序論で大気大循環を全体と構成部品とにわけたのはまさにこのことを指していたのである．

その意味で，次章では，大気の運動が，熱の収支とどう関わっているかについて，巨視的な立場と，個々のプロセスの原理との両面から見ていくことにしよう．

# 3 大規模運動の特性

## 3-1 平均東西風

　前章で，熱収支の議論を観測された平均温度分布（図2-2）の巨視的な特徴の考察からはじめたのと同様，この章でもまず，大規模大気運動の観測統計事実から話をはじめよう．

　図3-1は図2-2と全く同じ方法で平均操作を行った東西風成分の1月の緯度高度分布である．運動の3成分（東西流 $u$，南北流 $v$，鉛直流 $w$）のうち，特にまず東西成分に着目するのは，序論で述べた大循環の第2の視点，すなわち地球の自転に結びついた角運動量の収支を考えようとするからである．

　この図の特徴として，次の二つをあげることができる．

(1) 対流圏では赤道低緯度帯に東よりの風（いわゆる熱帯貿易風），中緯度に西よりの風（亜熱帯ジェット）が卓越している．この西風は地表面付近では弱く，対流圏上部で強い．夏冬はほぼ対称である．

(2) 成層圏中間圏では夏冬が反対称である．冬半球では中緯度の中間圏に極夜ジェットと呼ばれる強い西風，夏半球では同じく中緯度中間圏に東風がそれぞれ卓越している．

　ここにおいてもまた，図2-2の温度分布と同様，季節は対流圏にはほとんど見られず，成層圏と中間圏に顕著であることがわかる．

　東西風の分布と温度分布とは無関係ではなく，実は地球の重力と自転の効果を媒介として相互に強く結びついている．その力学的原理については後ほど方程式を用いて詳しく説明しよう．

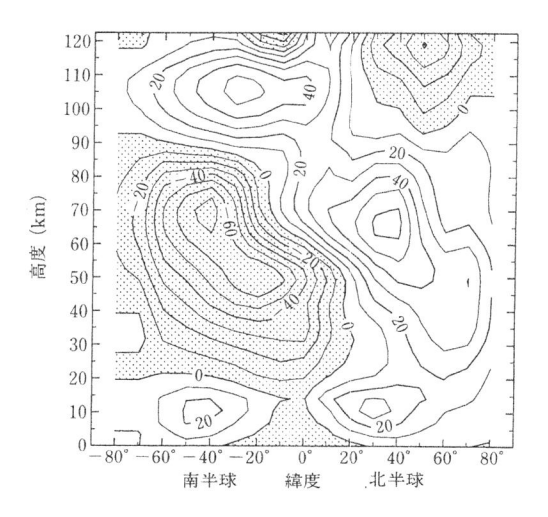

**図 3-1** 1 月における帯状平均東西風の緯度高度分布 (CIRA 86 による)
陰影をつけた部分は東風．単位は m/s．

## 3-2 地球の自転と角運動量保存

とりあえず下層大気（対流圏）のみに着目すれば，低緯度の東風，中緯度の西風は角運動量保存の見地から，少なくとも定性的にはよく説明することができる．

いま，地球上のある緯度 $\varphi$ で地面に対し東西速度 $u$ で動いている単位質量の空気塊を考える．地球の自転方向に合わせて，西から東に向かう西風を $u>0$ とすれば，絶対空間に対する固体地球の速度 $a\cos\varphi\cdot\Omega$（$a$ は地球の半径，$\Omega$ は自転の角速度）と合算して，$u+a\cos\varphi\cdot\Omega$ が速度である．これに，その緯度における地軸からの距離 $a\cos\varphi$ をかけたもの，すなわち地軸に対する運動量のモーメントが単位質量当りの角運動量 $M$ である．

$$M = a\cos\varphi(u + a\cos\varphi\cdot\Omega) \qquad (3\text{-}1)$$

軸対称運動では角運動量が保存されるから，その空気塊が緯度 $\varphi_1$ から $\varphi_2$ まで移動したとき，対応する速度 $u_1$，$u_2$ との間に，

$$a \cos \varphi_1 (u_1 + a \cos \varphi_1 \cdot \Omega) = a \cos \varphi_2 (u_2 + a \cos \varphi_2 \cdot \Omega) \quad (3\text{-}2)$$
の関係が成り立つ．

　話をわかりやすくするために，いま式(3-2)を赤道($\varphi_1=0°$)と中緯度($\varphi_2=30°$)に当てはめてみれば，$a\Omega$（赤道の絶対速度）が463 m/sだから，$u_1=0$なら$u_2=134$ m/sの西風，逆に$u_2=0$なら$u_1=-116$ m/sの東風となる．中間を取って，$u_1\approx-60$ m/sなら$u_2\approx+60$ m/sである．

　いずれにせよ，地球が西から東に向かって自転している以上，低緯度では自転より遅い角速度（つまり東風），中高緯度では逆に自転を追い越す西風となるのが自然の姿である．

### 式(3-2)をめぐって

(1) 角運動量保存則(3-2)の具体的なイメージはフィギュア・スケートのスピン．両腕を垂直にして回転軸（胴体）からの距離を縮めれば速く回転し，逆に腕を水平に広げればスローダウンする．同様な実験は回転椅子に座って，鉄アレイのような質量の大きな物を持った腕を動かせば誰にでもできる．ついでにいえば，ネコを背中から落してもクルリと半回転して足から着地するのは，ネコが角運動量保存則をちゃんと心得ているからである．

(2) 大航海時代から知られていた熱帯貿易風と中緯度偏西風の成因を，角運動量保存の見地から説明しようと試みた最初の人は英国の法律家ハドレーである．1735年に書かれた彼の随筆ふうの論文では，太陽加熱により暖められた熱帯の大気が上昇し，冷却されて下降する高緯度大気との間に地球規模の対流（子午面循環）を作り，それに伴う角運動量の輸送が東西風の緯度分布を作り出すと説明されている．この卓見に因んで，現在でも熱帯低緯度の子午面循環を「ハドレー循環」と呼ぶ．

　正確にいえば，ハドレーは角運動量ではなく単に運動量の保存を考えた（式(3-1)のカッコの外の$a\cos\varphi$を無視）．しかし，このことは彼の卓見の歴史的評価に何ら傷をつけるものではない．

(3) 式(3-2)を正直に極($\varphi=90°$)にまで適用しようとすると，$u\to\infty$となってしまう．この難点を回避するため，ハドレーは摩擦の効果を考慮した．しかし，本当に問題の本質が理解されるようになったのは，ハドレー以後200年経った今世紀前半のことである．

(4) 図3-1では赤道成層圏の風はすべて東風である．しかし，第7章で述べるように，赤道上の成層圏では，ある期間規則的に西風が卓越するという不思議な現象がある．

(5) 赤道上における固体地球の絶対速度 $a\Omega=463$ m/s（24 時間で 40,000 km を一周）という大きさは，いわゆる「天文学的数字」よりは小さく，実測される風速（数十 m/s 以下）よりは 1 桁大きい．まさに「地球物理学的数字」である．この大きさは，すぐあとに出てくる地衡風や，第 4 章の大気潮汐とかロスビー波にとって重要な意味を持っている．

再び図 3-1 に戻ろう．地表面付近の風は，低緯度で東風，中高緯度で西風である．序論でも触れたように，低緯度で地球の自転方向に逆らって吹く風は，摩擦の効果により減速（東向きの加速）を受ける．つまり，固体地球からプラスの角運動量を貰い受ける．反対に，中高緯度の西風は地球自転を追い抜いているのだから，やはり摩擦によって減速（西向きの加速）を受け，角運動量を固体地球に引き渡す．

ところが，長い期間にわたってみれば，固体地球の持つ角運動量（つまり自転速度そのもの）も，大気全体の東西風速もともに一定のバランスを保っているのであるから，結局図 3-1 の理解として要請されることは，一つには摩擦に対抗する大気運動の生成，そしてもう一つには，緯度間にわたる角運動量の再配分，ということになる．再配分とは，熱の場合と同様，収支勘定における輸送過程の役割にほかならない．

したがって，次になすべきことは，地球上における大気運動を支配する原理に立ち返ることである．再び言う．急がば回れ瀬田の唐橋．

### 3-3 重力の効果

地球上の大気は当然のことながら重力（地球の引力）の場に置かれている．重力加速度の大きさは一定（$g=9.8$ m/s$^2$）と考えてよい．ある場所での気圧がその上にある空気柱の重さを意味していることは 16 世紀のパスカル以来よく知られている．その名に因んで，現在では気圧の単位として mb の代りに Pa（パスカル）（$=10^{-2}$ mb）または hPa（ヘクトパスカル）（$=$mb）が用いられるようになった（しかし本書では慣例に従い mb を用いる）．

大気は気体であるから，その密度 $\rho$ は圧力 $p$ と温度 $T$ の関数である．その三者間の関係を表すのが「状態方程式」

$$p = \rho RT \tag{3-3}$$

である．密度とは単位体積当りの質量のことだから，状態方程式とは「ボイル・シャールの法則」にほかならない．ここでの比例定数 $R$ は「空気の気体定数」である．気体定数とは本来その分子量で決まる．空気の場合，水蒸気（$H_2O$）は変数であるが，以後は乾燥空気のみを考え，その平均分子量 28.96 に対応した値 $R = 287 \, \mathrm{J\,kg^{-1}\,K^{-1}}$ を用いる．

さて，重力場の中で静止した空気の柱について見れば，高いところのほうが気圧が小さく，したがって密度も小さいはずである．この事情は，やわらかい座布団を何枚も重ねて置いたとき，上のほうは圧力が小さいためフワフワしているのに対し，下のほうの座布団は全体の重みで押しつぶされ，体積が小さく密度が大きくなっていることと全く同じである．

式で書けば，座布団一枚に相当する空気の厚さ $\Delta z$ に対し，その上面と下面の気圧差 $\Delta p$ が，質量（$\rho \cdot \Delta z$）と重力加速度 $g$ の積に等しいから，$\Delta p = \rho \cdot \Delta z \cdot g$ である．これを微分形で表し，さらに $z$ の増え方（上向き）と気圧の増え方（下向き）が逆向きであることから，符号をも考慮すれば，

$$\frac{\partial p}{\partial z} = -\rho g \tag{3-4}$$

と書ける．さらに状態方程式 $p = \rho RT$ を用いて，

$$\frac{\partial p}{\partial z} = -\frac{g}{RT} p \tag{3-5}$$

と書き直すこともできる．

式(3-4)のことを「静力学平衡の式」，あるいは「静水圧の方程式」と呼ぶ．静水圧（hydrostatic）で水という言葉が出てくるのは，歴史的には井戸水をポンプで汲み上げるときなど式(3-4)の原理がそのまま使われたからであろう．

式(3-5)で大気の温度を一定と仮定すれば，$p$ と $z$ の関係は簡単な対数積分から，

$$p(z) = p_0 \cdot \exp\left(-\frac{gz}{RT}\right) \tag{3-6}$$

で表される．ここで $p_0$ は地上（$z = 0$）における気圧である．同様に密度 $\rho$ も，

$$\rho(z) = \rho_0 \exp\left(-\frac{gz}{RT}\right) \tag{3-7}$$

と書ける．

ここで $H = RT/g$ という量を定義すれば，$p$，$\rho$ ともに，その指数関数の部分を $\exp(-z/H)$ と書くことができる．$H$ は高さ（長さ）の次元を持った量でこれをスケールハイト（scale height）という．

スケールハイトとはその定義式の形を眺めているだけでもなかなかに含蓄のある量である．空気は水などの液体と違って自由表面を持たない（つまり式(3-6)で $z=\infty$ まで定義できる）が，それなりに大気の厚さ（深さ）を表現することはできる．たとえば密度一定（$\rho_0$）という仮想的な大気の厚さ $p_0/\rho_0 g$ がすなわち $H$ に等しい．また，$H = RT/g$ で重力 $g$ を極端に大きくすれば，先ほどの例で座布団がペシャンコになってしまうのと同様，$H$ も極端に小さくなり，大気をあたかも浅い海のように扱うことができる（後述の浅水方程式（第4章）はそのような根拠による）．一方，$RT$ の形からは，分子量が大きく温度の高い大気では，大気を構成する個々の分子の動きが活発で，気体としての厚みを増す働きを持っていることが直観的にわかる．

温度として，前章で扱った大気の代表値 $T \approx 250°\mathrm{K}$ を用いれば $H \approx 7.3$ km となる．したがって約 7 km 上に昇れば気圧密度ともに $1/e(1/2.718)$ に減る．$e^{2.3} \approx 10$ だから，約 16 km ごとに気圧は 1/10 に減る．すなわち地上を約 1,000 mb とすれば，100 mb は高度 16 km，10 mb が 32 km，1 mb が 48 km の高さという見当である．

逆にいえば，$p = p(z)$ がこのような1価関数で表現できるのだから，$z = z(p)$ として高度 $z$ の代わりに気圧 $p$ を座標系にすることもできる．たとえば，前章の図 2-1 で 500 mb 面における温度分布を示したのは，そのような理由による．もちろん，温度は一定でないから，等圧面の高さは緯度や季節によって多少変化する．

## 3-4　地球自転の効果

　日本付近の天気図によく見られる低気圧や台風では，同心円状の等圧線の分布に対して，風（運動）は等圧線を直角に横切って高圧域から低圧域に向かうのではなく，むしろ等圧線に平行に反時計回り（左回り）の運動をしている．これは地球が回転（自転）しているために生ずるコリオリの力（転向力）によるものであることはすでに知識としては御存知のことと思う．

　しかし，自転に伴うコリオリの効果をきちんと数学的に導くこと，およびその効果が空気の運動（風）に現れることの意味を正しく理解するのは，なかなかに難しいことである．

　レコードプレイヤーの上でビー玉をころがしたり，大きな回転盤の上でキャッチボールをしたりする物理的考察ばかりでなく，ここは一つ算術に挑戦してほしい．

　角運動量 $M$ は式(3-1)のとおり緯度 $\varphi$ と速度 $u$ の関数 $M(\varphi, u)$ である．力のモーメントがなければ $M$ は保存されるから，

$$\left(\frac{dM}{dt}\right)_a = \frac{\partial M}{\partial \varphi}\left(\frac{d\varphi}{dt}\right)_a + \frac{\partial M}{\partial u}\left(\frac{du}{dt}\right)_a = 0 \tag{3-8}$$

ここで添字 a は空気塊についての微分を意味する．

　これを書き直せば，

$$-[a\sin\varphi \cdot u + 2a^2\Omega\cos\varphi \cdot \sin\varphi]\left(\frac{d\varphi}{dt}\right)_a + a\cos\varphi\left(\frac{du}{dt}\right)_a = 0 \tag{3-9}$$

左辺のカッコの中の2つの項を比較してみれば，3-2節の注意(5)で指摘したとおり，$|u| \ll a\Omega$ だから第1項は省略してよい．すなわち（全体を $a\cos\varphi$ で割り，また微分の添字を略して），

$$\frac{du}{dt} = 2a\Omega\sin\varphi\frac{d\varphi}{dt} = 2\Omega\sin\varphi\frac{da\varphi}{dt} \tag{3-10}$$

ここで $2\Omega\sin\varphi = f$ と書き，また $da\varphi/dt$ とは南北運動の速度 $v$ そのものだから，結局，

$$\frac{du}{dt} = fv \tag{3-11}$$

が得られる．すなわち，$f>0$（北半球）のとき，北向き運動 $v$ には東向き運動 $u$ を加速するような直角右向きの力が作用する．これがコリオリの力（の一成分）であり，$f$ のことをコリオリ因子と呼ぶ．

一方，東西方向の運動 $u$ に働くコリオリの力は，地球自転に伴う遠心力から導かれる．いま緯度 $\varphi$ で東向きに速度 $u$ で動いている単位質量の空気塊を考えると，絶対空間から見た回転運動の遠心力 $C$ は，

$$C = \frac{(u + a\cos\varphi \cdot \Omega)^2}{a\cos\varphi}$$

$$= \frac{u^2}{a\cos\varphi} + 2\Omega u + a\cos\varphi \cdot \Omega^2$$

と書ける．

右辺の第3項は空気塊の運動に関係しない地球自転そのものから来る遠心力で，これは地球の引力と一緒にして重力 $g$ の中に含まれる．第1項は $\Omega$ を含まないから，これは（回転する地球上に乗った人から見た）対地速度 $u$ に働く遠心力である．加えてもう1つ，第2項の $2\Omega u$ は，その空気塊を地軸から直角方向外向きに遠ざけようとする力として現れる．この大きさを，緯度 $\varphi$ で地球に接する平面に投影すれば，南向きに $2\Omega\sin\varphi \cdot u$ となる．

したがって，この場合も，東向き運動 $u$ に直角右方向に力が働き，南向き運動の加速（北向き運動の減速）を生ずることになり，結局，式(3-11)に対応するものとして，

$$\frac{dv}{dt} = -fu \qquad (3\text{-}12)$$

が得られる．

(1) コリオリ力が場の回転に伴って生ずる「見かけの力」であることは，式(3-11)と式(3-12)から運動エネルギー $K = 1/2(u^2 + v^2)$ の方程式を作ってみればすぐわかる．すなわち式(3-11)と(3-12)にそれぞれ $u$ と $v$ を乗じて加えると $dK/dt = 0$ となり，右辺の $f$ は消えてしまう．万有引力のような「真の力」なら，運動エネルギーの変化をもたらすはずだからである．

(2) 遠心力 $C$ の3つの項の大きさを，たとえば $\varphi = 45°$，$u = 10\,\text{m/s}$ で見積ってみると，右辺第1項～第3項の順番に，$2.2 \times 10^{-5}$，$1.5 \times 10^{-3}$，$2.5 \times 10^{-2}$（単位は $\text{m/s}^2$）である．これと重力加速度の大きさ $9.8\,\text{m/s}^2$

とを比較してみると，地球回転の遠心力は引力の約 1/400，秒速 10 m の物体に働くコリオリ力はさらにそれより 1 桁小さいことがわかる．したがって，秒速が高々数十メートルの野球のボールに関していえば，ホームランアーチもフォークボールもすべて基本的には自由落下運動（抛物線）なのである．
(2) 地球上におけるコリオリ因子 $f=2\Omega \sin\varphi$ の大きさが緯度に応じて変化することは，もちろん地球が球体であることによる．このことは次章以下で地球規模の運動を考えるとき，きわめて重要な意味を持ってくる．

### 3-5 地衡風

空気塊に働く力はコリオリの力だけではない．鉛直方向には重力が作用しているが，大規模なゆっくりとした運動に対しては，3-3 節で述べた静力学の関係がそのまま使えて，気圧の高度分布という形で上下方向の釣合いが保たれている．しかし，気圧の空間分布が水平方向にも異なっているときは，それに応じた横向きの力が生ずる．これを「気圧傾度力」といい，式で書けば，

$$\frac{du}{dt}=-\frac{1}{\rho}\frac{\partial p}{\partial x}$$
$$\frac{dv}{dt}=-\frac{1}{\rho}\frac{\partial p}{\partial y} \tag{3-13}$$

ここで $\rho$ は密度，水平座標 $(x,y)$ は運動 $(u,v)$ に合わせて東向きを $x$，北向きを $y$ とする．（本来，地球上の緯度経度に合わせて，$(x,y)$ は $(\lambda,\varphi)$ で書くべきであるが，以下当分の間は，数式を簡単にするため直角座標 $(x,y,z)$ で話を進める．）

式(3-13)の右辺にマイナスがついているのは，もちろん，気圧傾度力が気圧の高いほうから低いほうに向かって働くからである．

式(3-13)と(3-11)(3-12)を組み合わせると，

$$\frac{du}{dt}= fv-\frac{1}{\rho}\frac{\partial p}{\partial x}$$
$$\frac{dv}{dt}=-fu-\frac{1}{\rho}\frac{\partial p}{\partial y} \tag{3-14}$$

と書ける．

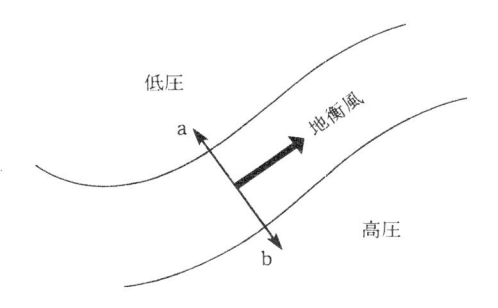

**図 3-2 地衡風の模式図**
a は気圧傾度力，b は地衡風に働くコリオリの力．

　ここで「定常な」運動を考える．そのとき左辺の加速度はゼロだから式(3-14)は，

$$u=-\frac{1}{f\rho}\frac{\partial p}{\partial y}, \quad v=\frac{1}{f\rho}\frac{\partial p}{\partial x} \qquad (3\text{-}15)$$

という時間に関係しない釣合いの式となる．この気圧傾度力とコリオリ力のバランスした状態の運動（風）のことを「地衡風」という．図3-2に見られるとおり，これは低圧部を左に見るような吹き方の風であり，天気予報の言葉を借りれば，「低気圧の前面に吹き込む南風」や「西高東低の冬型気圧配置に伴う北寄りの風」などがそれに当る．

　このように，地衡風とは地上天気図や天気予報と結びついて，きわめて馴染みの深いものであるが，同時にまたはなはだ誤解の多い事柄でもある．

　地衡風の式(3-15)は，定常状態を仮定したのであるから，時間変化は一切含まれていない．2つの力の釣合い状態を示しているだけである．したがって，この式の枠組みの中だけで，気圧（傾度力）と風（コリオリ力）とのどちらが原因でどちらが結果であるかを問うことは意味がない．

　ところが，天気予報用語に引きずられ，「低気圧が来たから南風」とか「西高東低なので北風」のように気圧が原因で風が結果だとつい考えてしまいがちである．それに輪をかけたのが，怪しげな「地衡風生成論」で，これは図3-2の説明として，「まず空気塊は高圧側から低圧側に向かって進みはじめ，コリオリ力を受けて徐々に右向きに曲げられ，やがて次第に等圧線に

平行になる」というものである．不幸にして，このような誤った説明（それも御丁寧な解説図入り）をいまもって見かけることがある．

(1) 野球のボールではコリオリの効果が無視できるのに，同程度以下の速さの風にコリオリ効果が現れるのは何故か．その鍵は現象の空間スケール $L$ と速度 $V$ との比 $L/V$ で決まる時間の長さの違いにある．野球場の大きさは 100 m 程度だからボールの運動している時間の長さは高々数秒以下．これに対し，直径 1,000 km 程度の広がりを持つ低気圧では，風速 10 m/s で動く空気が一周するのに数日かかる．これは地球の自転を感じ取るのに十分な時間の長さである．そもそも，地衡風の式(3-15)は定常という仮定で導いたものであることに注意されたい．定常とはいわば無限の長さの時間にわたってコリオリ力を受け続けていることなのである．室内程度の大きさであっても，十分長い時間動き続けている物体は自転の効果を感じ取る．「フーコーの振子」がその好例である．

(2) 地面付近の風は摩擦の効果により，地衡風からややずれる．たとえば低気圧のまわりを吹く風は，等圧線に完全に平行にはならず，ある角度を持って中心に吹き込む風となる．このことは，初等教科書では，気圧傾度力，摩擦力，コリオリ力の3つの力のベクトル合成図として表示されている．これを式(3-14)の修正式として書いてみよう．わかりやすく，等圧線は東西に平行とすれば $\partial p/\partial x=0$ だから，定常運動に関し，東西，南北両方向の力（加速度）の釣合いはそれぞれ，

$$fv - \alpha u = 0 \qquad (*)$$
$$-fu - \frac{1}{\rho}\frac{\partial p}{\partial y} - \alpha v = 0 \qquad (**)$$

と書ける．$\alpha$ は摩擦係数であり，その意味は風速に比例したブレーキ作用が働くことである．東西方向の力の釣合いの式(*)は，「天気図と地上風」というような狭い話だけではなく，実は，地面からはるかに遠い成層圏中間圏で重要な意味を持っているのである（6-9節参照）．

(3) 地衡風の考えは大規模な海流にも当てはまるので，一般に地衡流（geostrophic flow）という．geostrophic とは，ギリシア語に語源を持つ，地球と回転とを組み合わせた言葉であり，本来，「平衡」という意味は含まれていない．平衡を表すときには geostrophic balance という．ところが日本語ではそれが混同され，地衡風と訳されてしまった．したがって「地衡風バランス」といういい方は「ウマから落馬」の類である．正しくは geostrophic flow を「地転流」とでも訳すべきであったろうが，しかしそれでは何やら江戸時代の柔術の流派のようにも聞こえる．

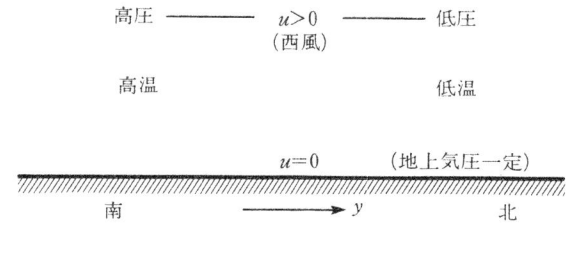

```
高圧 ——————  u>0  —————— 低圧
            (西風)

高温                        低温


            u=0    (地上気圧一定)
━━━━━━━━━━━━━━━━━━━━━━━━━━━━━━━
南        ――――→ y          北
```

図 3-3　温度風の関係を表す模式図


| 3-6 | **温度風**

　静力学平衡の式(3-5)は気圧の高さ方向の変化を温度の関数として表すものであり，一方，地衡風の式(3-15)は気圧の水平方向の変化に関係したものである．したがって，この両者を組み合わせれば，風の高度変化と気温の関係がわかるはずである．

　この事情を模式的に示したのが図 3-3 である．いま，話を簡単にするために，地上では南北方向に気圧が一定，したがって地衡風は $u=0$ としておく．一方，気温は北側が低温，南側が高温とすれば，静力学平衡の関係から高温のほうが気圧の減少率が小さい．すなわち，同じ高度で気圧の南北変化を見れば高温側が高気圧，低温側が低気圧となっているはずである．これに地衡風の関係を当てはめれば，その高度では西風（$u>0$）である．要するに，気温の南北傾度があれば，それに対応した地衡風の高度変化（鉛直シアー）が存在する，というわけである．

　算術を使うなら，式(3-15)の両辺を $z$ で微分して，

$$\frac{\partial u}{\partial z} = -\frac{\partial}{\partial z}\left(\frac{1}{f\rho}\frac{\partial p}{\partial y}\right) \tag{3-16}$$

この右辺をバラして，かつ静力学平衡の式と状態方程式とを用いてやれば，

$$\frac{\partial u}{\partial z} = -\frac{g}{fT}\frac{\partial T}{\partial y} \tag{3-17}$$

が得られる．(右辺にはもう一つ項が現れるが，中緯度で観測される大気の状態に当てはめて見るとその値が小さいので省略してある)．この式(3-17)が図3-3で示した気温の南北傾度と地衡風の高度変化とを結びつける関係式である．この式を「温度風の関係式」という．

温度風とは，本質的に地衡風であり，それは気圧傾度とバランスした風であるから，式(3-17)で示される状態のことを「温度風バランス」ということもある．ここにおいてもまた，定常状態という仮定が置かれているのであるから，この式だけから時間変化（ひいては因果関係）については何もいえない．

**温度風に関するコメント**
(1) 温度風とは，あくまでも，風と温度の空間分布に関する表現であり，ある一点 $(x_0, y_0, z_0)$ のみで測定した風向風速に適用できる概念ではない．もっと俗にいえば，ある地点で「ここは山腹だ」といえるのはまわりの地点との高度差（地形）を見てはじめてわかることと同じである．
(2) 温度風の式(3-17)には $f$（コリオリ），$g$（重力），$T$（温度）が関与している．このことから，図3-3の直観的解釈として，上層の西風（$u>0$）に働く転向力は図で左回りのトルクを持ち，一方，南側の高温（密度小）と北側の低温（密度大）が重力場で対流を作ろうとするからそのトルクは図で右回り．この逆向きの二つのトルクの釣合いがすなわち温度風バランスである．
(3) 地衡風の場合と同様，温度風の関係式は南北風成分 $v$ についても $\partial v/\partial z = g/fT \cdot \partial T/\partial x$ と書ける．
(4) お天気の好きな人へのサービス．いま地上風は西風だけ（$u>0, v=0$）として，上空を見上げたところ雲は北に向かって流れていたとしよう．温度風の式から $\partial v/\partial z>0$ に対応して $\partial T/\partial x>0$，すなわち西のほうが低温．とすれば，この地上の西風は寒気を運んでくるだろうと予想できる．この状況は地上天気図の感覚でいえば，西から高気圧が近づきつつある場合に相当している．観天望気もまんざら捨てたものではない．

## 3-7 地球規模での温度風

前節で導いた温度風の関係を，地球規模で季節および帯状平均した気温と

東西風の分布（図 2-2 と図 3-1）に当てはめてみよう．図 2-2 のように，平均気温が緯度と高度の関数で既知とすれば，式(3-17)を高さ方向に積分して，

$$u(y, z) - u(y, 0) = -\int_0^z \frac{g}{fT}\frac{\partial T}{\partial y} dz \qquad (3\text{-}18)$$

である．

さらに東西風の地上における緯度分布 $u(y, 0)$ も与えられたとすれば，上式から求められる $u(y, z)$ が図 3-1 と対応しているはずである（ただし，赤道付近では $f \approx 0$ であるから，地衡風そのものが適用できないが，その点については別に論ずる）．

図 3-1 を見れば，地上風は全般的に弱いから，$u(y, 0) \approx 0$ と考えれば，式(3-18)は要するに東西風の分布が，それ以下の高度における気温の南北傾度の積み上げで決まっていることを意味している．そのつもりで図 2-2 と図 3-1 の特徴を対比させれば，

(1) 中緯度対流圏上層の西風ジェットは，対流圏全体が中緯度で強い南北温度傾度を持っていることに対応

(2) 成層圏中間圏の冬の極夜ジェット（西風）は，上部成層圏（高度 30～50 km）での赤道−冬極間の強い温度差に対応

(3) 同じく成層圏中間圏の夏の東風は，成層圏夏極の高温と赤道域との温度勾配に対応

(4) 高度 60 km 以高で夏冬とも風速が高度とともに減少しているのは，上部中間圏における両極間温度傾度の逆転に対応

などがすぐ見てとれる．すなわち，地球規模で見た東西風系はその温度構造と温度風の関係によって強く結びついているのである．

しかしながら，前節で注意したとおり，温度風とはあくまでもバランスの関係である．この議論は，そもそもさかのぼって，2-8 節で図 2-6 を解釈するときに，太陽放射加熱と地球放射冷却との差を「出発点」ではなく「到着点」だと考えたことと同じである．くどいようだが，もう一度繰り返せば，温度分布は放射だけで決まるのではない．

したがって，いよいよ次に為すべきことは，「運動が温度を決める」という，29 ページのシナリオ(2)の裏づけとして，大気中の運動の特性をより具

体的に調べることである．その目的のための準備として，本章を去る前に，これまで見てきた大気の平均状態（図2-2や図3-1）とは何であったか，改めて考えてみることにしよう．

> 何でこうも面倒くさいのだろうと思う人へ：草野球では全員集合するとすぐ，キャッチボールもそこそこに，さあゲームをはじめようぜ，とグラウンドへ飛び出す．それに対し，プロの投手は，登板日は4時間前に球場入りして，入念にマッサージとウォームアップをしてからマウンドに立つものである．

## 3-8 平均とは何か

図2-2で月平均や帯状平均をすることの説明として，積分や算術平均は図2-1のような乱れを消去すると述べた．

ある物理量 $X$ の時間平均 $\bar{X}$ とは，たとえてみれば川の流れを長時間露出写真に撮るようなものである．水面に揺れ動いている無数の渦やしぶきは，シャッター速度を速くしてスナップで撮れば細かい乱れの一つ一つまですべてとらえることができる．ところが露出時間を十分長くすれば，出来た写真には比較的真直ぐな流れの筋目だけが見える．もし川底に大きな岩でもあれば，それを迂回する流れのカーブは残っていてもよい．別ないい方をすれば，時間平均とは，その平均を取る時間の長さ以下で起こっている現象をフィルターする作用を持っているわけである．

同様に帯状平均 $[X]$ とは，花模様の描いてある独楽（コマ）を回せば虹のような同心円に見えることによく似ている．この場合も網膜の残像時間のあいだに円周方向に沿った平均が行なわれ，花模様（ムラ）をフィルターしているのである．

ところがよく考えてみると，本来フィルターとは2つの働きをしているはずである．金魚掬いの網も，紅茶の茶漉しも，ともに一種のフィルターであるが，前者は網目を抜ける水を捨てて金魚だけを取り出すのに対し，後者はお茶の葉は捨てて，くぐり抜けたお茶のほうを飲む．

それと全く同様に、今度は時間平均や帯状平均で消去されたほうに注目しよう。平均の定義から、
$$X = \bar{X} + X', \quad X = [X] + X^* \tag{3-19}$$
のように偏差（ずれ）を $X'$, $X^*$ で表すと、
$$X' = X - \bar{X}, \quad X^* = X - [X] \tag{3-20}$$
であり、当然のことながら、
$$\overline{X'} = 0, \quad [X^*] = 0 \tag{3-21}$$
である。

さて、問題はこのような $X'$ や $X^*$ が、図2-2の $[\bar{T}]$ や図3-1の $[\bar{u}]$ とどう関わり合っているかという点にこそある。

先に、観測される平均温度分布は、放射のみで決まるのではなく、運動によって運ばれる熱も含まれていると述べた。いま、わかりやすく、南北流 $v$ が緯度線を横切って運ぶ熱量が $v$ と $T$ の積 $vT$ に比例すると考え、その時間平均を作ってみれば、
$$v = \bar{v} + v', \quad T = \bar{T} + T' \tag{3-22}$$
だから、
$$\overline{vT} = \overline{(\bar{v} + v')(\bar{T} + T')} = \overline{\bar{v}\bar{T} + \bar{v}T' + v'\bar{T} + v'T'} \tag{3-23}$$
となる。ところが $\overline{X + Y} = \bar{X} + \bar{Y}$ だから、右辺は、
$$\overline{\bar{v}\bar{T}} + \overline{\bar{v}T'} + \overline{v'\bar{T}} + \overline{v'T'}$$
に分解できる。さらに平均の定義により、
$$\overline{\bar{X}} = \bar{X}, \quad \overline{\bar{X}Y'} = \bar{X}\overline{Y'} = 0$$
であるから、結局のところ、式(3-23)は、
$$\overline{vT} = \bar{v}\bar{T} + \overline{v'T'} \tag{3-24}$$
となる。この右辺の第2項 $\overline{v'T'}$ はムラ ($v'$, $T'$) の性質がわからない限り何ともいえないが、一般にゼロとは限らない量である。

式(3-24)の意味を言葉で表現すれば、
〈熱輸送量の時間平均〉＝〈時間平均値 $\bar{v}$ と $\bar{T}$ による熱輸送量〉
　　　　　　　　　　　＋〈偏差による熱輸送量の時間平均〉
ということになる。この事情は帯状平均に関しても全く同様である。すなわち、式(3-24)に対応して、

$$[vT]=[v][T]+[v^*T^*] \tag{3-24'}$$

が得られる．

　ここでは図 2-2 の理解のために，熱輸送 $vT$ に例を取って平均の意味を考えた．その要点は，平均温度場 $[\overline{T}]$ というものが 1 次の物理量であるのに対し，それを決める因子に $v$ と $T$ の 2 つの物理量の積（2 次の量）が関与していることであった．

　それと全く同様に，図 3-1 の平均東西風 $[\overline{u}]$ には，角運動量の輸送が関係しているはずである．ある緯度をよぎって運ばれる角運動量のエッセンスは，式(3-1)で $a\cos\varphi$ の部分を脇によけて，東西流 $u$ と南北流 $v$ の積 $uv$ で表せる．したがって，式(3-24)に対応するものとして，

$$\overline{uv}=\overline{u}\,\overline{v}+\overline{u'v'} \tag{3-25}$$

が得られる．この場合も当然，右辺第 2 項は一般にゼロではない．

> ついでにいえば，式(3-24)や(3-25)と全く同じことが，今度は垂直方向の運動 $w$ が関与する量 $wT$ や $uw$ についても存在する．

　さて，式(3-24)，(3-25)の右辺第 2 項こそが，式(3-21)の意味でフィルターされた量の，平均場に及ぼす作用である．$[\overline{T}]$ や $[\overline{u}]$ の図には，先の譬えでいうなら，金魚だけが残って，それを生かしていた水や小さなエサは網目をくぐり抜けて捨てられてしまっている．しかし，$[\overline{T}]$ や $[\overline{u}]$ の解釈は，エサに相当する $T'$，$v'$，$u'$ の性質を抜きにして論ずることはできない．

　ここに至ってはじめて，「擾乱」と呼んできた「平均からの偏差」の特性を，その物理過程に立ち返って詳しく論ずることの意義と必要性が明らかとなったわけである．序論の言葉を反復すれば，いまやわれわれは，大循環の「部品」を明確な問題意識のもとに本格的に検討すべき段階に到達したのである．本節の「平均とは何か」という考察がその指導原理であったことはいうまでもない．

> (1) ここまでの議論で，$\overline{v'T'}$ や $\overline{u'v'}$ ばかりを強調し，どうして $\overline{v}\overline{T}$ や $\overline{u}\overline{v}$ に言及しないのか，またそもそも図 3-1 で $\overline{u}$ を示したにもかかわらず，どうして $\overline{v}$ や $\overline{w}$ の図（平均子午面循環）を示さないのか，といぶかる人へ：後ほど第 5 章の図 5-3 や図 5-5 で示すように，観測値から

直接見積った $\overline{\bar{v}\bar{T}}$ と $\overline{v'T'}$ ($\overline{\bar{u}\bar{v}}$ と $\overline{u'v'}$) の相対的な大きさは，中緯度対流圏で見る限り，後者 ($\overline{X'Y'}$) が圧倒的に大きい．これは地球大気大循環の大きな特色の一つといえる．その特色を理解するために，以下，擾乱の性質を詳しく見ていこうというのが本書の筋書きである．

(2) 対流圏に関し平均子午面循環 ($\bar{v}, \bar{w}$) が意味を持つのは熱帯低緯度のみであり，それ故，古典的なハドレー循環の名前がそこだけに限定されて使われているのである．この点についても第5章で触れる．

(3) 〈平均値の積〉と〈積の平均値〉とが等しいとは限らないことは，第2章のステファン・ボルツマンの法則に関連して示した易しい不等式

$$\left(\frac{a+b}{2}\right)^2 \leq \frac{a^2+b^2}{2}$$

と実はほとんど同じことである．

# 4 大気の波動

## 4-1 議論の方針

　大気中にはさまざまなサイズの乱れが存在しているのは，冒頭に掲げた衛星雲写真一枚を見ただけでもすぐわかる．地上の経験だけからも，小はタバコの煙の揺らぎや陽炎，つむじ風，突風，少し大きくなって龍巻や積乱雲，さらには天気図に現れる低気圧・高気圧，台風……等々，ネーミングも多種多様である．

　これら，さまざまな大気の擾乱の性質を論じていく方針の第一としてまず考えられることは，乱れの形態や振舞いを，主として観測事実に立脚して整理・記述してみることである．

　しかしながら，形態による記述，とはいっても，具体的に如何なる手段方法を用いるかを選ぶのは決して簡単ではない．たとえば悪いかも知れないが，動物の命名として，色や形だけにとらわれて，モンシロチョウとかカラスアゲハ，ホホジロとかテナガザル，などといってみても決してそれはそれらの動物の本性を的確に表しているとはいい難い．節足類とか哺乳類とかの分類に至ってはじめて整理した意味を持つ．

　つまり，第一段階の作業方針とは，それに引き続く第二段階での乱れの振舞いの定量化や成因の議論に役立つようなものでなければならない．そしてもちろん，成因を考える際の最大の拠りどころは，流体としての大気を支配する物理法則であり，その適用を可能ならしめるような物理量（およびその相互関係）を抽出する観測である．

　このような準備をふまえて，いよいよ第三のステップで，本来の目的である「擾乱が場に及ぼす作用」の議論が可能となる．この3段階のアプローチを，大和言葉でいうなら「かたち・なりたち・はたらき」ということになろ

う.

　しかしながら最終目標が「平均場に及ぼす作用」の理解であるとしても，いきなり平均場と乱れとを一挙に対等に扱うのは得策とはいえまい．ちょうど，地球上の森林分布が気候に及ぼす影響を論ずる際に，森林全体としてのアルビードの見積りや水蒸気の発散量，あるいは二酸化炭素の収支等をトータルで見る前にまずは特定の場所における与えられた状況（日射量・雨量・気温・土壌成分など）の中で個々の松とか杉とかの樹木の幹や葉が如何に生長するかを調べる必要がある．それと同様に，上記の第一，第二段階では時間平均や帯状平均した温度や風を，「与えられた場」と見て，その中での個々の運動の特性を調べるのが順序であろう．物理学の用語でこれを「摂動法」という．

　「森に入りて森を見ず」の諺があるが，そうではなく，本章では「摂動法」という道しるべをしっかり念頭に置き，まずは1本1本の樹木の特性を詳しく見ていくことにする．森を森全体として扱うことは次章以下の主題である．

## 4-2　形としての波

　図 4-1 は，図 2-1 と同様，何の平均もしていないある日の北半球 500 mb 面高度分布図である．$p(z) \leftrightarrow z(p)$ の 1 対 1 対応から，これは高度約 5.5 km の気圧分布と思っても差支えない．

　まず大まかに見て，北極域が低圧，赤道側が高圧．地衡風の関係 $u \propto -\partial p/\partial y$ により，等値線の混み具合が風の強さを表すから，偏西風帯が中緯度にあって「蛇行」していることがわかる．

　次に，この蛇行の特徴だけを取り出してみたのが図 4-2 で，これは図 4-1 の高度を 45°N の線に沿って地球を一周した東西方向の分布として示したものである．この図を見て，細かい歪みを無視すれば，直観的に「波打っている」といってよかろう．波の数は5つ，と数えることもできる．より即物的なイメージとして，海岸に打ち寄せる波を想起してもよい．

　そもそも，「波」とは，サンズイがついていることから明らかなように，

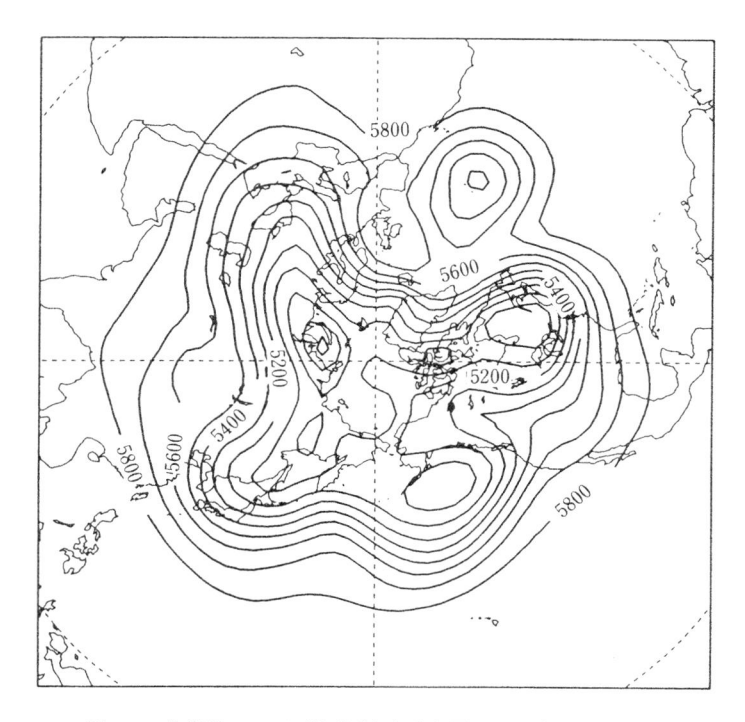

**図 4-1** 北半球 500 mb 等圧面高度分布図（1987 年 1 月 24 日）
単位は m.

水面の高低の様子を表す言葉なのである．やがてその形態の特徴が，比喩として，水以外のものに使われるようになってきたことは間違いない．その意味で，図 4-2 の高度分布を東西に連なる波と見ることは，物理以前の問題としてきわめて自然である．

　次に，図 4-1 のような北半球全体のパターンが，時間とともにほとんど形を変えず，中緯度偏西風の平均的な速さで西から東に向かって動いているとしよう．そのとき，緯度 45°線上にある 1 地点での気球観測から，500 mb の高度を 20 日ぐらい続けて記録し，横軸に日付を取ったグラフを作ってみれば，図 4-2 にきわめてよく似た波形が現れるはずである．1 点での時間変化だから，これは「揺れ動き」すなわち振動である．

　ここまでくれば，波の数（波数）と揺れの数（振動数），隣り合う波の間

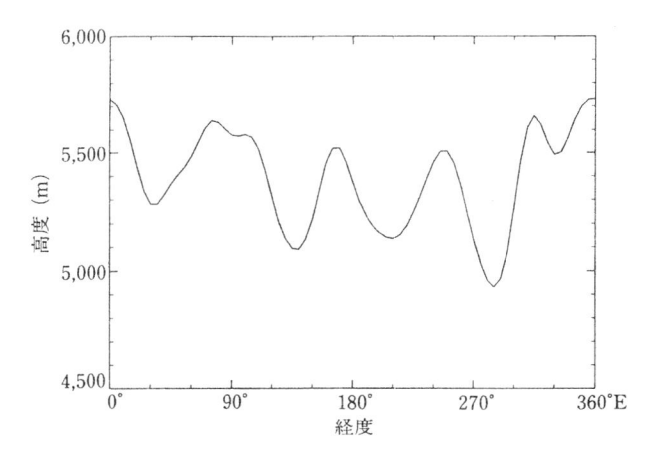

図 4-2　図 4-1 に対応する緯度 45°N に沿った等圧面高度の経度分布

の距離（波長）とひと揺れの時間間隔（周期），といったいくつかの概念が，すべて同じファミリーのメンバーであることがすぐにわかるであろう．

## 4-3　波の表記法

このような，波に伴うもろもろの形態や振舞いを定量的に表現する最もわかりやすい数学的表記法は三角関数である．

たとえば，振動で最も馴染みの深い「振り子」の運動（単振動）は，変位 $\xi$ に関して，

$$\frac{d^2\xi}{dt^2}=-\frac{g}{l}\xi \tag{4-1}$$

の形に書けるからその解は $\xi=A\sin\omega t\ (\omega^2=g/l)$ で表すことができる．$A$ が振幅，$\omega$ が振動数，周期は $2\pi/\omega$ である．

同様に，図 4-2 のような空間的波形は，横軸を $x$ とし，原点を適当にとれば，やはり $\xi\approx\sin kx$ と表現することができる（$\approx$ の記号は，振幅を度外視して関数形のみを表示することである）．

このように，時間空間両方の振動現象を一般に「波動」という．その最も

簡単な形の一つとして $\sin(kx-\omega t)$ を例にとれば，波の峰や谷などの位置（これを位相という）の動きから，位相速度 $c=\omega/k$ が定義される．

波動を三角関数（あるいは複素指数関数）で表記することの長所としては，フーリエ展開によりいろいろな波数・振幅・位相を持った波の分解（または重ね合せ）ができること，およびさまざまな支配方程式（その多くは微分方程式）において演算を容易ならしめること，などがあげられよう．

**波に関するコメント**
(1) 空間は 3 次元だから，波の形として，$\sin(kx-\omega t)$ あるいは $\exp i(kx-\omega t)$ と同様，一般に $\exp i(kx+ly+mz-\omega t)$ と書ける．高さ方向に伝わる波に関しては次章でいくつかの例を示す．
(2) 直交関数系による波の分解（級数展開）はフーリエ展開に限らない．地球が球面であることから，球面調和関数（ルジャンドル関数）を用いるのが好都合の場合もある．
(3) 波は，その形態がきわめてわかりやすいため，古くから日常語に取り込まれ，和歌や絵画の題材にもしばしば用いられてきた．ついでに，新聞記事にもよく現われる程度の波の言葉を使って狂歌一首．
　　　　超音波熱波電磁波衝撃波
　　　　　地震波津波あとはしら波

## 4-4 復元力と波動方程式

流体固体を問わず，波を構成している物理過程の最も本質的なことは，変位に対する復元作用である．力学なら当然復元力ということになる．

先にあげた「振り子」はその一番わかりやすい例で，錘にはその変位（中心位置からのズレ）に比例した大きさで中心に引き戻そうとする力（復元力）が作用している．その力のもとはいうまでもなく重力 $g$ である．

流体中の波動においても，重力は復元力の最も重要な因子の一つである．

いま，一様な深さ $H$ を持った水を考え，その中で生ずる運動の水平スケールが水深より十分大きいような場合を想定してみよう．そのとき，水の水平運動は深さ方向に一様なものとなる．

水面の変位 $h$ があったとき，水は重力の作用により，その変位をゼロに

近づけようとする．その力によって横方向の運動が加速される．式で書けば，横方向 ($x$) の速度を $u$ として，

$$\frac{\partial u}{\partial t} = -\frac{\partial gh}{\partial x} \tag{4-2}$$

となる．

　この右辺は，$gh$ が水柱の高さに応じた圧力を表すから，式(3-13)の気圧傾度力と同じ意味である．

　一方，水面の高低 $h$ の時間変化は，水平運動の空間分布で決まる．任意の位置における水柱の高さの変化は，その左右からの水の出入り（収斂発散）に等しいはずだから，質量保存則に従って，

$$\frac{\partial h}{\partial t} = -H\frac{\partial u}{\partial x} \tag{4-3}$$

と書ける．（右辺の $H$ は，厳密には $H+h$ と書くべきであるが，いま $H \gg |h|$ と仮定して $h$ を省略している．）

　式(4-2)を $x$ で，式(4-3)を $t$ で，それぞれ微分することによって $u$ を消去すれば，$h$ に関する二階の微分方程式

$$\frac{\partial^2 h}{\partial t^2} = gH\frac{\partial^2 h}{\partial x^2} \tag{4-4}$$

を得る．これが「波動方程式」の最も典型的な例の一つである．

　式(4-4)はまた標準形に直して，

$$\frac{1}{c^2}\frac{\partial^2 h}{\partial t^2} = \frac{\partial^2 h}{\partial x^2} \quad (c^2 \equiv gH) \tag{4-5}$$

と書くこともできる．

　式(4-5)が任意の関数 $F=F(x\pm ct)$ に対して成り立つのは確かめるまでもなかろう．この $F$ をフーリエ展開したと考え，その任意の一項を持ってくれば，

$$h \approx \sin k(x\pm ct) = \sin(kx\pm kct) \tag{4-6}$$

の波形がまさに波動方程式の解になっているわけである．（$h$ に対応して，速度場も $u \approx \sin k(x\pm ct)$ と書ける．）式(4-6)から直ちに，振動数 $\omega=kc$，位相速度 $c=\pm\sqrt{gH}$ であることがわかる．この解は「外部重力波」と呼ばれるもので，具体的な現象例としては津波などがあげられる（太平洋の平均

深度を 4 km とすれば $c$ は約 200 m/s である)．

　大気の場合，海になぞらえて深さ何 km の流体層，と想定することはいまにわかには難しい．しかし，上端に境界面のない大気でも，空気の集まりによって下端の気圧が変りうるため，外部重力波に相当するものが存在する．詳しい説明は省くが，その速さは 3-3 節で述べたスケールハイト $H$ を使って，

$$c=\sqrt{\gamma g H} \tag{4-7}$$

と書ける．ここで $\gamma$ は空気の定圧比熱と定積比熱の比 $C_p/C_v(\fallingdotseq 1.4)$ である．

(1) 式(4-7)でスケールハイト $H$ をかりに 7 km とすれば $\sqrt{\gamma g H}\approx 300$ m/s で太平洋の津波よりやや速い．1883 年にジャワのクラカトア火山が爆発したとき，気圧波が（あたかも津波＝外部重力波と同じように）この速さで伝わったことが観測されている．

(2) スケールハイトの定義から $gH=RT$ であるから，式(4-7)は $c=\sqrt{\gamma RT}$ とも書ける．これだけを見れば普通の音波の式と同じである．いいかえればこの波は「重力の効果を受け水平に伝わる音波の一種」である．

　実際の大気で重力の効果を考えるもう一つの重要な点は，静力学平衡のところで説明した密度の高さ分布，すなわち「密度成層」の存在であり，これもまた大気中に重力波を作り出す要因となる．

　このことを厳密に取り扱うのはなかなか面倒な手続を要するので，直観的に考察してみよう．大気温度を一定と仮定すれば，気圧および密度の高度分布は式(3-6)，(3-7)のように与えられる．いま，ある高度の空気塊を高さ方向に少し移動させたとすると，気圧の減少に伴い体積が膨張するからまわりの空気に対して「仕事」をする．熱力学の法則（エネルギー保存則）から見れば，その仕事量に見合うだけの内部エネルギー（つまり温度）が減る．これを断熱冷却という．その結果，密度は増え周囲の空気より相対的に重くなるから，せっかく持ち上げた空気塊はもとの位置に引き戻すような力（重力による復元力）を受ける．

　すなわち，この場合も式(4-1)の振り子の振動とよく似た形の振動現象が生ずる．このときの振動数 $N$ を「ブラント振動数」といい，周期に直すと現実の大気中では約 10 分くらいの長さとなる．

このような，密度成層中における重力の作用に起因する大気重力波については次章で再び詳しく論ずることにしよう．

## 4-5 自転の効果

3-5 節で説明した地衡風の考えのもとになる力はコリオリの力であり，これもまた重力と同様，時間的空間的に変化する運動に対して「復元力」としての作用を持つ．

式(3-11)，(3-12)から $v$ を消去すれば，

$$\frac{\partial^2 u}{\partial t^2} = -f^2 u \tag{4-8}$$

となる．これはまさに重力場での単振動の式(4-1)と全く同じ形であり，コリオリ力を復元力とする振動がありうることを表している．この振動のことを「慣性振動」という．$f(=2\Omega \sin \varphi)$ が振動数，$2\pi/f$ が周期であるから，たとえば緯度 30°($\sin \varphi = 1/2$) では 24 時間の周期を持つ（風の強い大気中では，このままの形での慣性振動現象は現れにくいが，海洋に浮かべたブイの軌跡がこれによく対応した運動を示すことが知られている）．

一つの運動系において，復元力はただ一つとは限らない．重力とコリオリ力との両方が関与する振動・波動も十分ありうる．

式(4-2)にコリオリ効果を導入すれば，

$$\frac{\partial u}{\partial t} - fv = -g\frac{\partial h}{\partial x} \tag{4-9}$$

同様に，

$$\frac{\partial v}{\partial t} + fu = -g\frac{\partial h}{\partial y} \tag{4-10}$$

である．

一方，式(4-3)の水柱の高低を決める収斂発散には南北運動 $v$ も関与するから，

$$\frac{\partial h}{\partial t} = -H\left(\frac{\partial u}{\partial x} + \frac{\partial v}{\partial y}\right) \tag{4-11}$$

となる．

この3変数 ($u, v, h$) に関する連立微分方程式から，たとえば $h$ だけに関する式を求めれば，式(4-4)の波動方程式に対応する式が得られる（計算は読者への宿題としよう）．

　しかし，ここでは，先に述べた「波形を指数関数で表現することの長所」の好例として，以下のような演算の威力を示そう．

　$u$，$v$，$h$ がともに波形であるとして，

$$\begin{pmatrix} u \\ v \\ h \end{pmatrix} = \begin{pmatrix} u_0 \\ v_0 \\ h_0 \end{pmatrix} \exp i(kx + ly - \omega t) \tag{4-12}$$

と置き，式(4-9)～(4-11)に代入し，微分しても変わらない exp の部分を全部取り払えば，微分方程式は代数方程式に帰着される．これを行列形式で書けば，

$$\begin{pmatrix} -i\omega & -f & igk \\ f & -i\omega & igl \\ kH & lH & -\omega \end{pmatrix} \begin{pmatrix} u_0 \\ v_0 \\ h_0 \end{pmatrix} = 0 \tag{4-13}$$

である．

　波の振幅 ($u_0, v_0, h_0$) がゼロでない値を持つ以上，係数行列式の値がゼロでなければならない．したがって波動解が存在するための条件として次の関係式（分散関係式あるいは振動数方程式）が得られる．

$$\omega^2 = f^2 + gH(k^2 + l^2) \tag{4-14}$$

この式の右辺を見れば，振動数がコリオリ ($f$) と重力 ($g$) の両方で規定されていることが直ちにわかる．このような波を「慣性重力波」といい，現実大気中では，特に成層圏中間圏でこれと本質的に同じものが観測されている．

(1) 式(4-13)の係数行列式は $\omega$ に対する3次式である．すなわち，式(4-14)の2次式以外に，実はもう一つ $\omega = 0$ という解も存在する．これは時間的に変化しない解だから，式(4-9)，(4-10)に戻ってみれば，地衡流にほかならないことがわかる．

(2) 前章まで運動方程式で加速度を $du/dt$ のように書いていたのを，この章から $\partial u/\partial t$ と書くのは，3章での取扱いが一つの空気塊（質点）の動きを追うことだったのに対し，この章では連続体としての流れの場 $u(x, y, z, t)$ を考えているからである．

## 4-6 球面の効果

前節でコリオリ因子 $f$ は一定として扱った．しかし，現象が地球規模に及べば，その緯度変化 $f=2\Omega\sin\varphi$ は無視できなくなる．そのことを見るために，再び式(3-14)に戻り，さらに簡単化のため，直角座標系はそのまま残し，密度 $\rho$ は一定としよう．すなわち，

$$\frac{\partial u}{\partial t} - fv = -\frac{1}{\rho_0}\frac{\partial p}{\partial x}$$
$$\frac{\partial v}{\partial t} + fu = -\frac{1}{\rho_0}\frac{\partial p}{\partial y}$$
(4-15)

ここで下の式を $x$ で微分したものから，上の式を $y$ で微分したものを引けば，右辺は消えるから，次のようになる．

$$\frac{\partial}{\partial t}\left(\frac{\partial v}{\partial x}-\frac{\partial u}{\partial y}\right)+f\left(\frac{\partial u}{\partial x}+\frac{\partial v}{\partial y}\right)+\frac{\partial f}{\partial y}v+\frac{\partial f}{\partial x}u=0 \quad (4\text{-}16)$$

ところが，$f$ は緯度方向（$y$ 方向）だけの関数だから左辺第四項はゼロ．また，運動は水平2次元 $(u, v)$ のみで発散はないと仮定すれば第2項も消えるから，結局，

$$\frac{\partial}{\partial t}\left(\frac{\partial v}{\partial x}-\frac{\partial u}{\partial y}\right)+\frac{\partial f}{\partial y}v=0 \quad (4\text{-}17)$$

となる．$\partial f/\partial y$ もまた緯度の関数であるが，$\sin\varphi$ の微分 $\cos\varphi$ は90°（極）付近を除けばあまり大きく変化しないから $\partial f/\partial y\equiv\beta=$ 一定としておく．さらに簡単にするため，運動は $y$ 方向に一様であると仮定すれば，式(4-17)のカッコの中の第2項も落ちるから，結局 $v$ だけの式となる．

ここで例によって $v\approx\exp i(kx-\omega t)$ と置けば，式(4-17)からまたまた波の存在条件式である振動数方程式

$$\omega k+\beta=0 \quad (4\text{-}18)$$

が得られる．位相速度で表せば（$c=\omega/k$ だから），

$$c=-\frac{\beta}{k^2} \quad (4\text{-}19)$$

である．この西向きの位相速度を持つ波のことを「ロスビー波」という．そ

の起源はコリオリ因子の緯度変化 $\beta$，つまり地球が回転する球体であることに尽きる．この議論を最初に行ったロスビーの偉大さは，地球の球面効果を $\beta$ というただの一点にすべて集約せしめたことにある．ロスビー波の議論はその原型式(4-19)が提出された1939年以来，現在までの半世紀に，さまざまな発展を見た．その具体例は後述するとして，現在，地球規模の大気力学を語る際，「ロスビー波」とは最も重要なキーワードの一つなのである．

### ロスビー波の位相速度について

(1) ここまでの議論では，波の存在する場自体の流れ（東西方向の平均流 $U$）は考えなかった．ロスビー波の速度公式(4-19)を導いたときのように，直角座標で東西方向が無限の平面を仮定した場合には，平均流と同じ速度で動く座標系に変換すれば流れのない場合と同じことになる（ガリレイ変換）．つまり平均東西流 $U$ の中に置かれたロスビー波の位相速度（対地速度）は $c = U - \beta/k^2$．ただし，ロスビー波の本来の意味に立ち返って，回転する地球上での式を正確に扱うときは，ガリレイ変換が単純には成り立たなくなることに注意．

(2) ロスビーが $c = U - \beta/k^2$ の式を導いた議論の最初の動機は，現実の中緯度偏西風（$U \approx 20$ m/s）を想定し，波数 $k$ の小さな（つまり東西波長が1万 km くらいの長い）波について $\beta/k^2$ の値がほぼ $U$ の大きさと釣り合うこと（$c \approx 0$）をもって，観測される地球規模の波の停滞性（あるいはきわめて遅い動き）を説明しようとしたことである．

## 4-7 渦度とロスビー波

この節では，流体中の「渦運動」を考えることからロスビー波の性質を説明してみよう．普通，渦といえば，台風などのようなほぼ円形の流体運動を想起するであろう．それは同時に「回転」という概念とも直結している．この二とおりのイメージを模式的に図示すれば，図4-3のように，「流れに乗った渦は波である」との見方と，図4-4のように「速さの違う平行流は（一見直線的でありながら）渦を内在している」との解釈が成り立つ．いいかえれば，両者に共通な「渦」という概念を中心にして「流れも波もともに渦の強さの程度で表現される」といえそうである．そうなればもはや，渦＝円形

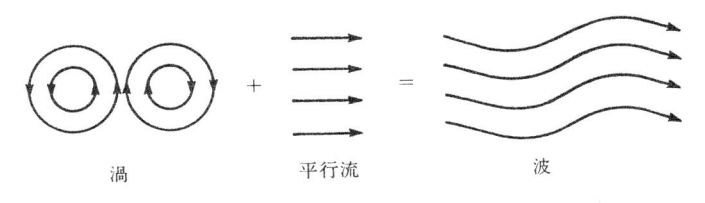

図 4-3 渦と波を表す模式図

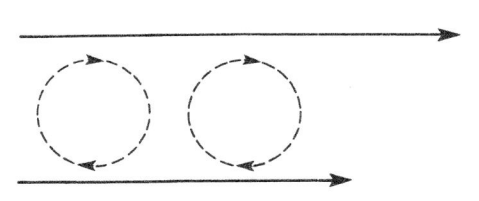

図 4-4 シアーを持つ平行流が渦を内在していることを示す模式図

ということにこだわる必要はない．

この「渦の強さの程度」を定量的に表すのが「渦度 (vorticity)」であり，式 (4-17) に出てきた $(\partial v/\partial x - \partial u/\partial y)$ という量がそれに当る．これを $\zeta$ と書く．この量が正なら左回り（反時計回り），負なら右回りの回転を意味する．図 4-4 に則していえば，$v=0$, $-\partial u/\partial y<0$ だから $\zeta<0$，すなわち右回りの渦である．しかし，$\zeta$ は流体の各点で定義できる量であり，流線の広がりが作る巨視的な流れの形態とはもはや直接結びつける必要のないことに注意すべきである．

運動が水平2次元でかつ収斂発散のないとき，渦度 $\zeta$ は個々の流体粒子について時間的に一定，つまり保存される．これは流体力学で「ヘルムホルツの渦定理」としてよく知られている（表現形式は少し違うが「ケルビンの循環定理」も本質的には同じ）．前節でロスビー波の公式を導いた議論の筋立ては，このヘルムホルツの渦定理を回転球面上に応用したものであるといえる．

大気のように，固体地球と一緒に回転している流体では，渦度の保存則が，

$$\zeta + f = 一定 \tag{4-20}$$

[4] 大気の波動

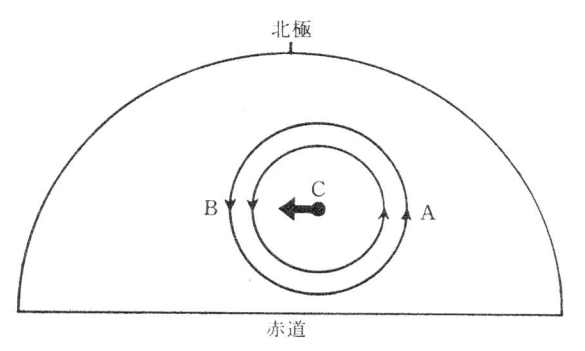

図 4-5 ロスビー波の西進を表す模式図

と書ける．この意味は，もし大気中に渦がなくても（$\zeta=0$），静止系から見れば鉛直軸のまわりに渦度 $f$ をもって局所回転しているからである．つまり，地球自転に伴う渦度と大気自体の持つ渦度の和が全体として一定に保たれるわけである．その意味で $f$ を惑星渦度（planetary vorticity），$\zeta+f$ を絶対渦度（absolute vorticity）と呼ぶ．

この保存則に従えば，図 4-5 に示すように，点 A で北上する大気は $f$ の大きい方に向かうから $\zeta$ は減少し，逆に点 B では南下につれて $\zeta$ が増加する．その結果 AB の中心点 C は B 方向に移る．つまり，前記の条件下では，コリオリ因子の緯度変化を感ずるような地球規模での渦運動は西向きにドリフトする性質を持っているわけである．その向きと大きさが式(4-19)のロスビー公式の意味にほかならない．この事情は，もちろん，図 4-5 で時計回りの回転運動を考えても，また渦を南半球側に移しても，西向きドリフトは変わらない．

この節の最後に実例を一つお目にかけよう．図 4-6 は人工衛星からの観測データをもとにして解析した 1 mb（高度約 48 km）の等圧面高度の東西波数 $k=1$ の成分を，1980 年 8 月 28 日〜9 月 2 日の 6 日間にわたって示したものである．南北両半球の緯度およそ 50° あたりに中心を持つ大きなパターンが，ちょうど 5 日かかって西向きに地球を一周している有様が見事に表現されている．

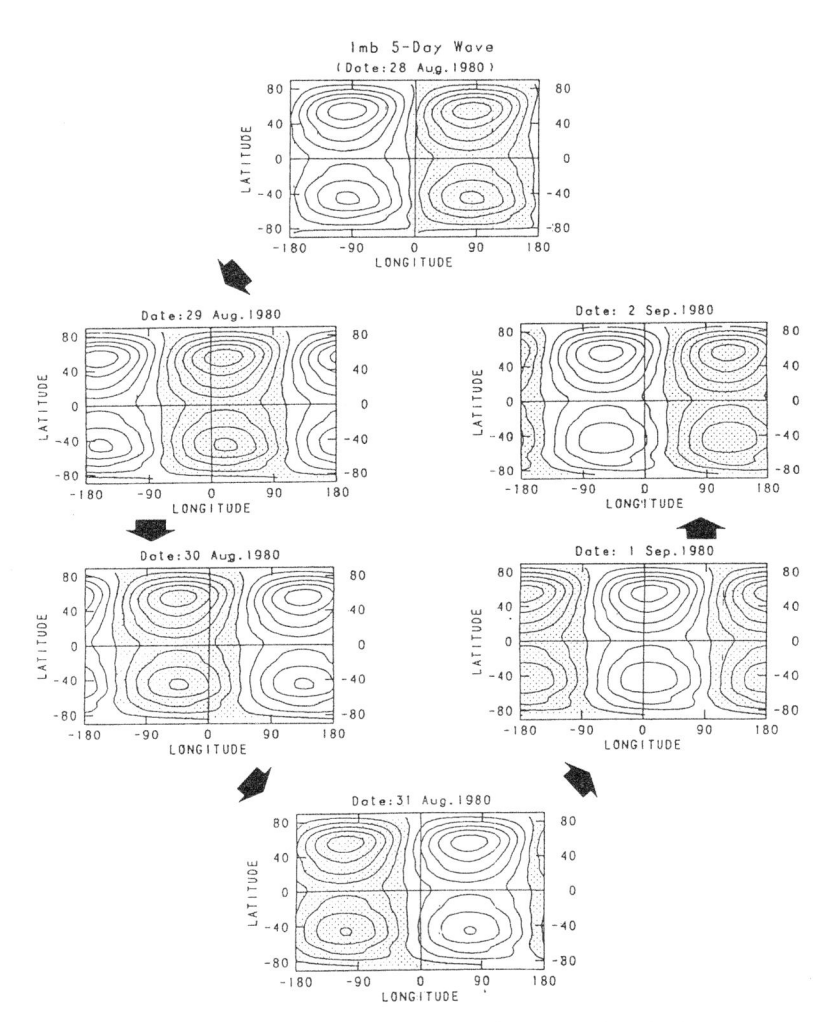

図4-6 地球規模のロスビー波が周期約5日で西進している典型的な例（Hirota and Hirooka, 1984：*J. Atmos. Sci.*, **41** (8), 1260 による）
高度は約50 km. 1980年8月28日から同9月2日までの6日間を示す．図の縦軸は緯度（マイナスは南半球），横軸は経度（マイナスは西半球）．

(1) すべての波が渦と不可分の関係にあるわけではない．たとえば縦波（音波のような疎密波）は渦に無関係である．
(2) ベクトル解析の言葉を使えば，渦度 $\zeta=\partial v/\partial x-\partial u/\partial y$ とは，速度ベクトル $V(u,v,0)$ の回転 rot $V$ の $z$ 成分である．
(3) ヘルムホルツの渦定理は力学における角運動量保存則と同等のものである．
(4) ロスビー波は回転球面上の波であり，その特性は地球のみに限らず惑星（planet）すべてに共通である．それ故，ロスビー波のことを「プラネタリー波」あるいは人名と組み合わせて「プラネタリー・ロスビー波」ということもある．
(5) 図 4-6 は 1980 年代の前半，京都大学の大学院生だった廣岡俊彦君の修士論文の成果である．廣岡博士はこれを発展させた一連の仕事で平成 3 年度の日本気象学会賞を受賞した．

## 4-8　波の成因

前節までの議論は，波を波として存在させる復元作用に着目し，その具体的な数学的記述から振動数とか位相速度とかを導くことであった．つまりそれは，波が存在するときはこのように振舞うはずだ，との説明であり，その波がどうやって生み出されたのかについては何も触れてはいない．

この節ではいよいよ波の作られ方についての議論をしよう．

一般的にいって，波の成因は，外力（強制力）によるものと流体自身に内在する不安定性によるものとに大別することができる．

まず外力強制のわかりやすい例をあげるなら，振り子やブランコである．どちらも，何もしないでおけば，位置エネルギーが最小，つまり真下にぶら下がって静止しているだけである．式(4-1)のように，中心（静止）位置からの変位（ずれ）に比例した復元力が働くためには，まず変位そのものを，何らかの方法で外部から与えてやらなければならない．最初に与えられたエネルギーが位置エネルギーと運動エネルギーに配分される法則が式(4-1)なのである．その上，摩擦による減衰まで考慮に入れるならば，系外からの励起は最初の 1 回のみではなく，継続的に加えられる状況を想定することも意味がある．海底地震による津波（外部重力波）の発生は一過性励起の好例で

あり，熱帯地方の積雲対流が常に大気を揺さぶり続けていることによって生ずるような波動の例もある．

一方，不安定性による波動の生成とは，流体の系に，外部から時間的・空間的に不均一な力を加えてやらなくても起こりうる現象である．おそらく，その一番わかりやすい例は「熱対流」であろう．フライパンのような容器に流体を満たし，下面を一様に加熱してやれば，高さ（深さ）方向に温度の傾きができる．流体は一般に高温のほうが密度が小さいから，フライパンの底が高温，液体の上面が室温のような低温のときは，その流体全体は軽いものの上に重いものが乗っている状態であるといえる．これを何らかの方法で上下転置せしめ，上が密度小，下が密度大の状態にすれば，（静止した振り子の場合と同様）位置エネルギーが最小となる．その際放出された位置エネルギーが変換されて生ずる運動がすなわち対流運動にほかならない．

すなわち，水平方向には一様で，上下に温度差（下が高温）を持つ流体層は，流体の場そのものが「不安定」であり，ひとりでに対流というセル状の運動を生み出すポテンシャルを内在しているのである．その根源に重力の作用が存在しているのはいうまでもない．

外力励起と不安定性という，波動の成因に関わる二つの重要な概念を理解した上で，次節ではその大気中における具体例を見ていくことにしよう．

### 対流に関するコメント

(1) 生活科学科向きの話．熱対流の観察には中身のない熱い味噌汁が適している．静止したおわんをじっと見ていると，きれいなセル状の対流が生じてくるのがよくわかる．これを中華スープでやってはよくない．その理由は表面の油膜が蒸発を妨げ，上下に温度差が作られないからである．

(2) 物理学科向きの話．熱対流の起こる条件は，重力 $g$ のほかに，上下温度勾配，流体の物性（粘性係数，熱伝導係数，膨張率）などで決まる．

(3) 理由不足の原理：もし，不安定な成層であっても，それが完全に水平に一様であれば，どの場所で対流の上昇や下降がはじまるかを決める根拠がないから運動は起こりえないはずである．ちょうど，二つの全く同じカイバ桶を左右目の前にして餓死したロバの話と同じである．しかし，現実には完全な一様などありえないから，分子レベル程度の微小な不均一でも不安定を解消するきっかけになりうる．この不均一さは，しかし，

外力強制とは概念上区別されるべきものである．なぜなら，少々揺さぶっても乱れが発達しない場合もあるからである．このような状態を「安定」であるという．

## 4-9 強制波動

大気中において強制的に波を作り出す過程の代表例は地形の効果である．たとえば，適当な大きさ（水平サイズ10 km程度）の山を気流が越えるとき，強制的に上下運動が作られるから，下流に向かっていわゆる「山岳波」が生ずる（図4-7）．強制的に持ち上げられた大気は，重力場の中で周囲との密度差に応じた負の浮力によって引き戻され振動する．空間的にはそれが流れに乗っていくから図のような波動現象となる．したがって，山岳波とは重力波の一種である．

強制力を与える地形の水平サイズが100 km以上の大きさのときは，重力の効果に加えてコリオリの効果も現れる．水の波について示した式(4-14)とその意味で共通な「慣性重力波」が大気中でも観測されている．

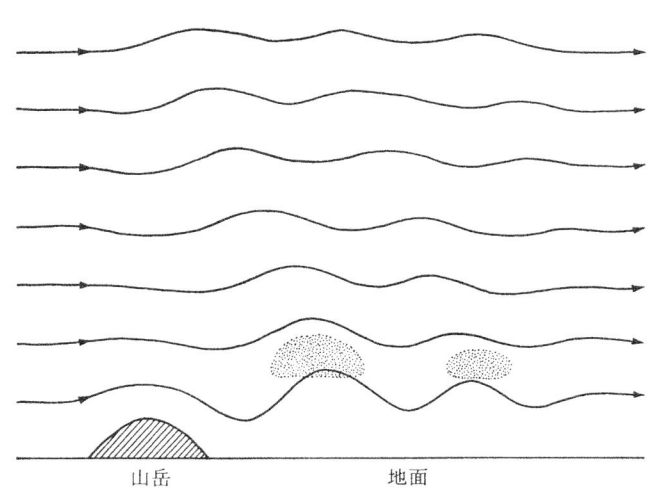

**図4-7 山岳波の模式図**
陰の部分は上昇流に伴う雲を表す．

式(4-14)の類推から直観的に言って，もし水平運動だけならその周期は慣性周期であるが，重力の効果が加われば振動数は高くなり周期が短くなる．つまり，大気重力波の周期は慣性周期（中緯度でほぼ24時間）とブラント周期（約10分）の間にあると言える．

　空間スケールがさらに大きく地球規模になれば，重力，コリオリの両効果以外に，地球の球面効果（コリオリ因子の緯度変化＝$\beta$効果）も現れる．図4-8は，北半球500 mb等圧面高度の1月の月平均分布図である．中緯度線に沿って地球を一周してみれば，図4-2と同じ意味で，これは東西方向の波形をしている．その谷の位置はアジア大陸とアメリカ大陸の東岸およびヨーロッパ西部にある．時間平均をしても残って見えるのは，川の流れの長時間露出写真のたとえで説明したとおり，川底の岩に相当する地理的位置の固定された強制力の存在を示唆している．

　4-7節のロスビー波のところでは水平運動のみを考えて回転球面上の渦度保存則を用いたが，図4-8のような現実の地球上では，中緯度の偏西風はヒマラヤやロッキーのような大山岳を乗り越えて吹いている．そのため，流れは大山岳の強制による上下運動をも含めたもので考えなければならない．残念ながら，その数学的記述をここで行うにはやや煩雑なので省略し，結果だけを述べれば，式(4-20)を3次元に拡張した渦度（これをポテンシャル渦度＝渦位という）の保存則から，図4-8のような大規模な波の生成が説明される．つまり，この波は，ロッキー，ヒマラヤ，グリーンランド台地などによって作られている「強制ロスビー波」である．（これに対し，図4-6のように地球をぐるぐる回って動くロスビー波は直接地形に強制されたものではない．その意味で，これを強制波に対比させて自由波と呼ぶこともある．）

　強制的に波動を作り出す物理過程は地形に限らない．たしかに山岳波は重力波の一種であるが，重力波を生み出す過程はほかにもいろいろと考えられている．たとえば台風とか前線とか，あるいは活発な積雲対流などによって重力波が生成されていることを示す解析例がいくつかある．また，南半球に目を転ずれば，中緯度（50°～60°S）は南米やアフリカの先端以外はすべて海洋でありヒマラヤやロッキーのような大山岳がないにもかかわらず，強制ロスビー波は存在している．これは，海水温の大規模な東西非均一性が，熱

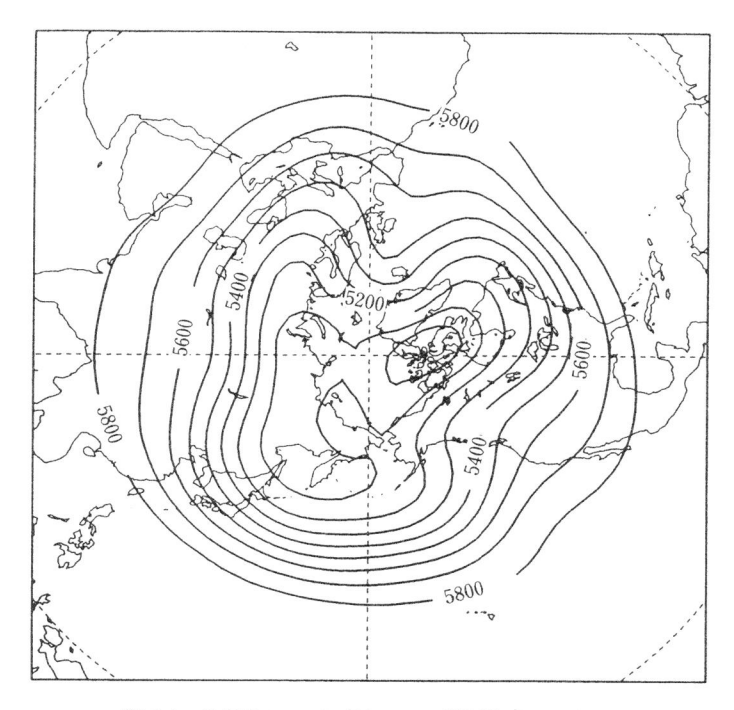

図 4-8 北半球 500 mb 高度の 1 ヵ月平均（1987 年 1 月）
単位は m.

源の形で強制波を作っていることを意味している．

この節の最後に，強制波動のもう一つの例として「大気潮汐」に触れておこう．

海岸で見える潮の満ち引きが，地球を回る月の引力によるものであることは中学生でも知っていようが，大気中にもそれと似た潮汐運動が存在することは体験的にはまず知りようがない．しかし，地上気圧のデータを長年にわたり詳しく解析し，天気図規模の高低気圧の影響をうまく取り除けば，天体の運動に引きずられた形で東から西に進む大気の潮汐運動を検出することができる（地上気圧で最大 ±1 mb 程度）．

面白いことに，月の引力による周期約 12 時間 30 分の潮汐は相対的に弱く，むしろ太陽の動きに一致するもの（周期 24 時間および 12 時間）のほうが は

るかに大きい．引力だけで考えれば，簡単な計算から，月の効果のほうが2.37 倍も大きいはずである．にもかかわらず，太陽に引きずられて動く潮汐が卓越しているのは，太陽放射を大気中のオゾンや水蒸気が吸収して加熱される「熱潮汐」であることを意味している．3-2 節でコメントしたとおり，太陽の直下点は赤道上で 463 m/s の高速で西に動くから，もはや相対的な東西風系などどうでもよい．回転球面上の大気にこのような外力励起が加わったとき生ずる地球規模の大気振動は「ラプラスの潮汐方程式」と呼ばれる厳密な微分方程式で記述することができる．地球の表（昼側）と裏（夜側）とにそれぞれ一つ（あるいは二つ）の正負のパターンを持って西に進むのであるから，これもまた波動であり，その成因から見て，熱による強制波の一種なのである．

**今度は「お話」ばかり続いて退屈だという人のために**

ラプラスの潮汐方程式は次のような形をしている．

$$\frac{d}{d\mu}\left[\frac{(1-\mu^2)}{(\sigma^2-\mu^2)}\frac{dP}{d\mu}\right]-\frac{1}{\sigma^2-\mu^2}\left[-\frac{k}{\sigma}\frac{(\sigma^2+\mu^2)}{(\sigma^2-\mu^2)}+\frac{k^2}{1-\mu^2}\right]P+\varepsilon P=0$$

ここで $\mu=\sin\varphi$, $\sigma=\omega/2\Omega$, $\varepsilon=(2\Omega a)^2/gH$（他の記号はほぼ本書の慣用と同じ）である．

この式を導くこと自体はさほど難しくはないが，いざ解けといわれたら如何に物理数学が得意でもまず無理というものである．幸いにして近年は大型計算機を用いた数値解法によって定量的にこの方程式の解の振舞いを調べることが可能である．ここでは，この方程式を眺めて，重力，コリオリ，およびその緯度変化などがすべて包括的に含まれていることを感じとってもらえれば十分である．

## 4-10 不安定波動

現実大気中で生ずる波動のうち，その成因が場の不安定性によると考えられているものは幾種類かある．ここではその代表的な例として，よく知られている移動性高低気圧をとりあげてみよう．

歴史的に見れば，地上の天気として嵐（悪天）をもたらす低気圧の成因は古典気象学の大きな関心の的であった．今世紀のはじめ頃，マルグレスは，

先に述べた熱対流の考えを直接大気に当てはめ，日射で熱せられ高温となった地表付近の大気が上層の寒気と対流によって転置されるとき解放される位置エネルギーが運動エネルギーに変換されるとして嵐の強風の原因を説明しようとした．実際に彼は大気の鉛直温度分布に基づいて詳細な計算を行っている．

この着眼点は基本的に正鵠を射ている．その後数十年を経て，観測が充実した結果，低気圧の現象論的事実として以下のことが次第に明らかになってきた．

(1) 低気圧の発生発達は鉛直方向の温度分布のみならず，水平（南北）方向の温度差に深く関係していること．高緯度の寒気団と低緯度の暖気団の接する境界としての「前線」はその端的な状況例である．

(2) 低気圧の水平(東西)スケールは個々の積雲対流のスケール(約 10 km)とは明らかに違って，およそ 1,000 km のオーダーであること．したがってその水平運動は「地衡風的」である．

(3) 東西に波状に並ぶ低気圧高気圧の位相（谷や峰の位置関係）は高さ方向にもある構造を持っていること．

図 4-9 には，高低気圧波動の東西鉛直断面の模式図を示しておく．

さて，このような観測事実を念頭に置き，その原理に立ち返って考えてみよう．まず第一は，図 2-2（13 ページ）に見られる中緯度の対流圏における南北温度傾度である．同じ気圧のもとで見れば（気体の状態方程式から），低温が高密度，高温が低密度であり，これに対流の考えを直接当てはめるなら，高緯度の寒気が下降して赤道側へ，低緯度の暖気が上昇して極側へ，と移動する「子午面内対流」が生じてもよさそうである．

ところが，子午面内のみで考える限り，3-6 節で述べた「温度風バランス」から，南北の温度差は同時に対流圏中上層の西風の存在を意味し，その西風に働くコリオリ力が本来子午面対流を起こそうとする力（トルク）と釣り合っているはずである（43 ページのコメント (2) を想い出すこと）．

この釣合い状態を揺さぶって打破する方法が一つある．それは，南北の暖気と寒気を入れ換える対流運動を子午面内に限定せず，東西方向にも広げてやることである．すなわち，暖気と寒気の入れ換えを，水平的に見て渦運動

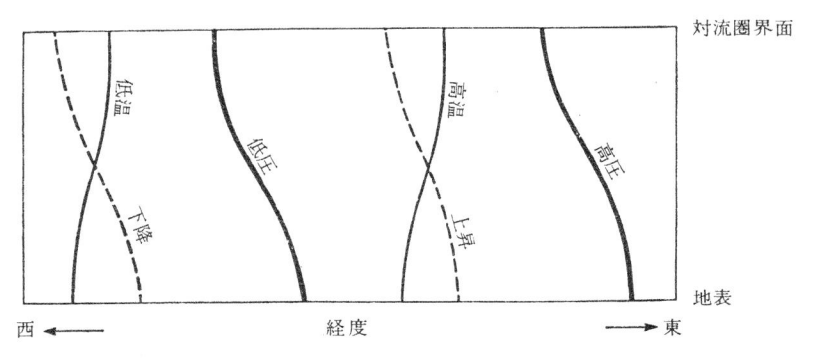

図 4-9 傾圧不安定波動の立体構造の模式図

のような形態で行えばよい．

　もう一度整理すると，本来，対流とは重力場における（位置エネルギー解放のための）鉛直運動であり，一方，水平渦運動は，そのスケールが1,000 kmにも及ぶ場合，コリオリ効果に束縛された地衡風運動のはずである．つまり，この対流は，$g$と$f$との両方で規定される3次元的な「斜めに傾いた対流」なのである．もし，このような形態の運動が，いったん生じたときそれをさらに強めるような（自励的な）ものであるならば，それがすなわち高低気圧の「発達」であり，それを生み出す場は（東西一様な温度風バランスを保ち続けられない）不安定な場だ，ということになる．当然，場の安定・不安定は南北温度傾度の強さと鉛直方向の温度分布とで基本的に決まっているはずである．

　くどいようだが，第2章のおわりで，図2-2（あるいは図2-6）を出発点ではなく，波動擾乱が起こった結果をも含んだ状態であるといった．しかし，「摂動法」の考え方は，とりあえず平均場の温度構造が与えられたとしてその中でどんな運動が起こりうるか，という問題設定なのである．

　残念ながら，この問題設定を，大気力学の諸法則に基づいてきちんと定式化し，「不安定理論」を数学的に示すことは本書の範囲を越えてしまうので，ここではその結果のみを示そう．この理論の意義は，観測値に対応する場（南北・鉛直温度傾度，したがって平均東西風の高度分布）を与え，その中で

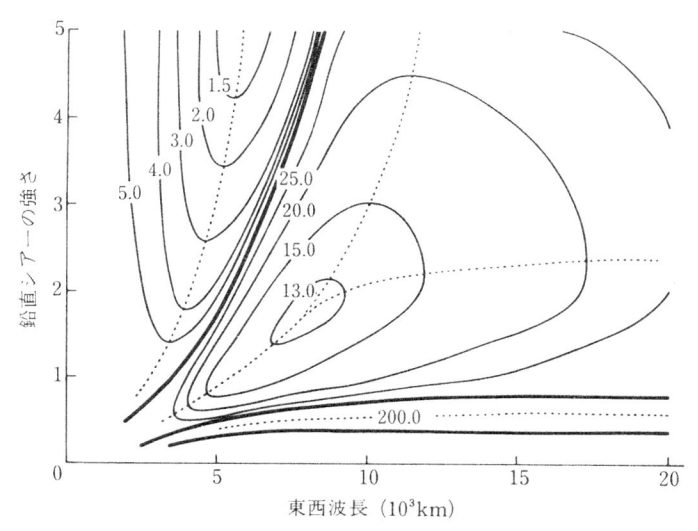

図 4-10 傾圧不安定ダイアグラム（Hirota, 1968：*J. Meteor. Soc. Japan,* **46** (3), 237 による）
縦軸は基本流の鉛直シアー（単位 m/s・100 mb），横軸は東西波長．図中の数値は発達率（振幅が $e$ 倍になるのに要する日数）．太い実線は中立曲線．

最も発達しやすい高低気圧波動の発達率や東西波長，さらには鉛直位相構造などを求めることにある．

図 4-10 はそのような理論解の一例で，横軸が東西波長，縦軸が平均流の鉛直シアーを表す．図中のカーブは発達率の大きさを振幅が $e$ 倍になるのに要する日数で示してある．これを見ると，$e$ 倍になる時間の最も小さい（つまり一番よく発達する）のは，水平の波長が 3,000～5,000 km くらいのものであることがわかる．現実の大気中では，いろいろな大きさの擾乱のうち，発達率が最大のものが，他を押しのけて姿を現すと解釈すれば，この波長数千 km という大きさは，図 4-2 の波数 5 とよく対応しているといえる．

この東西に連なる高低気圧波動は，それを生み出す西風に流されて東に進む．その速さは，大体対流圏の風速（10～15 m/s）と考えてよい．

以上で，きわめて定性的ながら，不安定性の見地から高低気圧波動の特性を説明した．次章では，いよいよ，これらの波動が場に及ぼす作用を論ずることにしよう．

いくつかのコメント
(1) この節の表題は「不安定波動」となっているが，厳密にいえば，不安定なのは波動そのものではなく，あくまでも流れの場が不安定なのである．したがって「不安定波動」とは「場の不安定性に起因する波」という意味である．
(2) この節で述べた不安定のことを「傾圧不安定」という．傾圧とは水平に温度差があり，等圧面と等温面とが一致していないことをいう．
(3) 高低気圧波動の移動速度は東向きに 10 m/s 程度であるから 1 日に約 1,000 km 進む．東西波数が数千 km ならば，地上の 1 点で見た通過周期は数日．それ故に 1 ヵ月平均した図（たとえば図 4-8）ではそのスケールの波がほとんど完全にフィルターアウトされている．
(4) 傾圧不安定理論の定式化は 1940 年代の後半に米国のチャーニーと英国のイーディによって独立になされた．以後今日に至るまで，そのさまざまな修正・拡張・応用が試みられ，傾圧不安定を何らかの意味で扱った論文の数は全世界で千を下らないともいわれている．

# 5 波動の作用

## 5-1 伝播と輸送

　大気大循環において波動の果す役割を理解するために，その基礎となる物理概念を卑近な実例に引き寄せて確認しておこう．

　まず大気波動のように，空気という物質中を波が伝わる(伝播する)とはどういうことか，を考えてみる．

　その第1は波の形態（位相）の空間的移動である．式(4-6)の外部重力波，式(4-19)のロスビー波などに現れる波の速度 $c$ とは位相速度であり，流体物質がその速さで一方的に移動することとは違う．試みに，枯葉の散り敷いた池の中に石を投げ込んでみ給え．波面は岸に向かって進むが，枯葉は同じ場所で上下運動をくり返しているだけである．しかし，ある種の波は，単なる位相の伝播だけではなく，同時にエネルギーを運ぶ働きを持っている．このエネルギーの移動する速さのことを「群速度」という（詳細は後述）．

　伝播という概念に関して，もう一つ注意すべき重要な事柄は，それが一過性の「出来事」と，定常的な「状況」の二つの場合があることである．池に石を投げ込んだときの波の伝播は前者の例，水を棒でかき混ぜ続けて，継続的に波を発生させるような場合が後者の例に当る．さらに面白いことに，「状況としての伝播」の中には，図 4-7 の山岳波や図 4-8 の強制ロスビー波のように，波の峰や谷の位置（位相）が時間的にも空間的にも変動しない（つまり定常かつ停滞の）場合も含まれている．

　年号が昭和から平成に変わったとき，その政府決定に関与したさる高名な物理学者が，平成とは「平和に成る」のか「成った」のか，あるいは「成っている」のかの区別が判然としない，とコメントした．それと同様，「伝播」という概念は，波が「伝わって来る」と「伝わっている」との両方を意味し

ているのである．

　波の働きに関係したもう一つの重要な概念は「輸送」である．トラックや列車による「貨物輸送」と同様，輸送とは「もの」の空間的移動のことである．大気波動の場合，低気圧に伴う雲の形態とその時間変化を衛星写真で眺めていれば，水蒸気や雲粒が大気の波状運動によって空間的に移動させられていることが直ちにわかる．目には見えないが，大気オゾンとか自動車の排気ガス（$CO_2$ や $NO_2$）とかが大気の運動によってある場所から別な場所へと輸送されていることも容易に理解できよう．この考え方をさらに敷衍すれば，輸送される「もの」とは，$H_2O$ や $CO_2$ のような物質そのものに限らず，抽象化された物理量であってもよいことがわかる．第3章の終りに述べた角運動量輸送や熱輸送，あるいは前章で示したロスビー波に伴う惑星渦度の輸送などがまさにそれに当る．

> (1) 同じ熱の伝わり方でも，「熱伝導」は巨視的な物質移動を伴っていないのに対し，熱輸送や渦度輸送は流体の運動が前提となっていることに注意．
> (2) 移動性高低気圧の「移動」はここで述べた伝播や輸送とは違う．それは，平均流（中緯度偏西風）に押し流されているにすぎない．背景となる流れの場に乗った移動のことを「移流」という．
> (3) ついでにもう一つ，輸送の「たまり」について触れておこう．貨物輸送トラックが何台走ってこようと，目前を通り過ぎていくだけならその場に何の影響も与えない．その場所で荷物の「積みおろし」が行われたときはじめて輸送の意味が生ずる．波動による輸送もこれと同じこと．輸送量とは流束（フラックス）のことであり，場に及ぼす作用はその「たまり」，すなわち「流束の収斂発散」である．

## 5-2　波動の鉛直伝播

　ここではまず，前節で述べた群速度の定式化を示し，次いで，現実大気中の重力波の例について，エネルギーが鉛直方向に伝播する有様を論ずることにしよう．

　波動が位相速度とは別の群速度を持つことの直観的なイメージは次のよう

なものである．いま，同じサイン型で波数 $k$ と振動数 $\omega$ のそれぞれ少し異なる二つの波列を考える．当然，位相速度 $c(=\omega/k)$ もいくぶんか異なる．位相速度の速い波は遅い波を追い抜いていく．そのとき二つの波の峰どうし，谷どうしの重なり合い方は空間的に一様ではなく，ある塊を形成する（振動数だけについていえば，振動数の僅かに異なる二つの音が重なったとき生ずる「唸り」現象によく似ている）．この唸りの空間的な動きが群速度にほかならない．

数式で見ればこの事情は一目瞭然である．二つの波 $\sin(k_1 x - \omega_1 t)$ と $\sin(k_2 x - \omega_2 t)$ とを重ねると，三角関数の和の公式から，

$$2\cos(\Delta k \cdot x - \Delta\omega \cdot t) \cdot \sin(kx - \omega t) \tag{5-1}$$

が得られる．ここに，$\Delta k = (k_1 - k_2)/2$, $\Delta\omega = (\omega_1 - \omega_2)/2$, $k = (k_1 + k_2)/2$, $\omega = (\omega_1 + \omega_2)/2$ である．

$k_1 \fallingdotseq k_2$, $\omega_1 \fallingdotseq \omega_2$ とすれば，$\Delta k$, $\Delta\omega$ はそれぞれ $k, \omega$ に比べ十分に小さく，したがって式(5-1)の意味するところは，二つの波の平均的な姿 $\sin(kx - \omega t)$ が，$\cos(\Delta k \cdot x - \Delta\omega \cdot t)$ によって，空間的に大きな塊，時間的に緩やかな振動を持つことである．この塊の移動がすなわち群速度 $c_g$ だから，$c_g = \Delta\omega/\Delta k$．$\Delta k \to 0$, $\Delta\omega \to 0$ の極限で微分形を用いて書き直せば，

$$c_g = \frac{d\omega}{dk} \tag{5-2}$$

である．

位相速度 $c$ を用いれば，$\omega = ck$ だから，

$$c_g = \frac{d(ck)}{dk} = c + k\frac{dc}{dk} \tag{5-3}$$

と書くこともできる．

式(5-3)からすぐわかるように，群速度とは波の位相速度 $c$ が波数 $k$ に依存する場合にのみ $c$ と区別して意味のある概念であり，このような波を「分散性を持つ」という．

ここで示した考えは水平($x$)方向のみならず鉛直方向にも拡張することができる．いま，図4-7の山岳波を，山が一個だけでなく横方向に等間隔で並んでいるような状況に置き換え，そのとき作られる重力波の位相が図5-1の

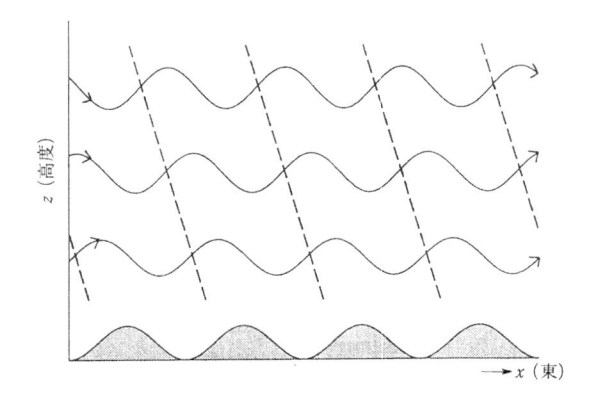

**図5-1** 凹凸のある地形によって生成される重力波の鉛直構造図
実線は流線，破線は圧力の偏差が最大の位置．

ように，風上に向かって上方に傾いているとしよう（この図はある意味で模式図ではあるが，位相の傾きは理論的な計算に基づいている）．

位相角の鉛直軸からの傾きの角度を $\theta$ とすれば，この波の空間的な形は $\sin(kx+mz)$, $\tan\theta=m/k$ と書ける．図中の斜めの破線は圧力の偏差が最大の線であり，したがってその線に沿っての気圧傾度力はない．復元力として働くのはその方向の浮力（符号はマイナス）のみである．4-4節で述べたブラント振動の場合と同様，復元力の大きさは変位に比例し，その係数は重力方向に対する斜め成分，すなわち $(N\cos\theta)^2$ である．

そのとき，振動数は $\omega=\pm N\cos\theta$ となるから，これに $(m/k)^2=\tan^2\theta=(1-\cos^2\theta)/\cos^2\theta$ を組み合わせれば，

$$\omega=\pm\frac{Nk}{(k^2+m^2)^{1/2}} \tag{5-4}$$

の関係が得られる．

図5-1の流線は，地上に立って見ていれば，振幅・位相とも時間的空間的に変化しない定常波である．しかし，風は図の左から右に向かって山の上を吹き抜けているのであるから，水平風速と同じ座標系で（つまり風に乗って）見れば次々と波が右から左へ動いてきているように解釈できる．その振動数が $\omega$ なのである．風に乗った座標系で見る限り，$kx+mz=$一定の等位

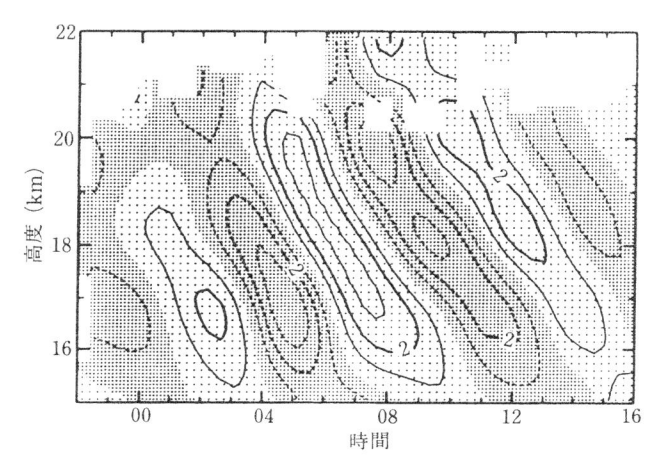

図 5-2 京都大学 MU レーダーによって観測された大気重力波の一例（1987年 10 月 15 日〜16 日, Sato, 1992：*J. Atmos. Sci.*, **49** による）
南北風成分（単位 m/s）の位相の下降に注意．

相線（図 5-1 の破線）は，時間とともに上から下に向かって降りてくるように見えるはずである．つまり，この波の鉛直方向の位相速度は下向き（マイナス）である．図 5-2 はレーダー観測に見られる，移動性重力波の下向き位相伝播の実例を示す．

このような重力波の伝播方向が下向きであるのは，本来，地表面の凸凹（山岳）が原因で強制的に作られた波という見方と，一見相矛盾するように思えるであろう．池に石を投げ込んだときの波面の伝わり方の類推でいえば，出来た波はその原因の場所から遠ざかっていく（重力波の場合は地表から上に向かって逃げていく）のが当然，と思ってもおかしくはない．

その疑問は群速度の考えを導入すれば氷解する．式(5-4)で鉛直方向の位相速度はマイナスのほうを取って，

$$\frac{\omega}{m} = -\frac{\frac{Nk}{m}}{(k^2+m^2)^{1/2}} \tag{5-5}$$

とすれば，鉛直群速度は，

$$\frac{d\omega}{dm} = +\frac{Nkm}{(k^2+m^2)^{3/2}} \qquad (5\text{-}6)$$

であり，これは式(5-5)と符号が逆，すなわち上向きのエネルギー伝播を表している．

ここまでくれば，図5-1の物理像はきわめて明瞭となる．すなわち，一般流が凸凹のある地形の上を吹き抜けるとき地面からストレスを受ける．そのストレスは強制波を作り出すことに伴う抵抗である．したがって，その抵抗に見合う大きさのエネルギーが地表面から大気の流れの場の中に送り込まれていることになる．そのエネルギーの上方への運ばれる速さがすなわち式(5-6)の鉛直群速度である．

この事情を，別の角度から言い直せば，風は地表の凸凹でストレスを受け，ブレーキ作用が働く．その作用は，流れと地表面との接する薄い層だけに現れるのではない．波を媒介として，そのストレスは大気上層にまで送り込まれている．

このように地表の力学効果（ストレス）が大気上層に遠隔伝達され，そこの流れの場を変化させる働きについては，次章でより具体的に論ずることにしよう．

**鉛直伝播に関するコメント**
(1) 地表面の影響によって強制的に作られた波動が上向き群速度を持つのは重力波（山岳波）に限ったことではない．図4-8のようなプラネタリーロスビー波も同様な働きを持っている．これについても第6章で詳述する．
(2) 鉛直に伝播する重力波（図5-1）を $\sin(kx+mz-\omega t)$ で表現したことからすぐわかるように，エネルギーの鉛直伝播作用は波動の立体構造と不可分の関係にある．逆にいえば，本来立体構造を持っているロスビー波を，水平2次元運動と「仮定」した4-6節の議論は，その水平位相速度式(4-19)の特徴をクリアーカットに見るための便法であった．このように，物理過程のどの特性を論じようとするかによって数学的取扱い（さらには観測解析の表示法）を変えていくことこそ，序論で強調したアプローチの妙味である．
(3) 位相の伝播のみを見ていては現象の本質を見間違う例として，「トコヤのカンバン」をあげよう．赤白青のトリコロールの縞目模様は，「一見」柱の下から湧き出して上のほうに登って行くように見える．しかし，

あれは斜めの縞模様が水平方向に動いているだけの話である．同様に，図5-2だけを見て，（位相が時間とともに上から下に進んで来るからといって）この現象を生み出す原因が大気上層にあると考えてはいけない．観測解析で位相の変化に着目するのは，波の立体構造や群速度の概念を十分念頭に置いた上で，波の特性を知る一つの手がかりなのである．

## 5-3　運動量輸送

　第3章での問題提起の一つは，地球規模で見たとき，低緯度偏東風や中緯度偏西風に関して，角運動量バランスに波動がどのような役割を果しているか，であった．

　ここでは，計算の式をわかりやすくするため，地球が球体であることをちょっと忘れて，直角座標の中で波動による運動量の輸送を考えてみよう．東西風速の緯度分布を説明することが当面の目標であるから，考えるべき量は東西方向の運動量 $u$ が南北流 $v$ によって運ばれる輸送量 $\overline{uv}$ である．これは式(3-25)で示したとおり，平均循環による輸送 $\bar{u}\cdot\bar{v}$ と波動擾乱による輸送 $\overline{u'v'}$ の和である．3章では時間平均 ($\bar{X}$) と帯状平均 ($[X]$) を区別して表現したが，以下は簡単のため時間・帯状平均 $[\bar{X}]$ をすべてバーのみで表すことにする．

　図5-3は3ヵ月平均の北向き角運動量輸送を示す（南半球側が負になっているのは輸送が南向きであることを意味している）．図は，この輸送量を平均子午面循環によるもの ($\bar{u}\cdot\bar{v}$) と波動によるもの ($\overline{u'v'}$) に分け，後者はさらに非定常波動と定常波動とに細分されている．この観測統計は対流圏のものであり，したがってここでいう非定常波とは，主として移動性高低気圧（傾圧不安定波）と考えてよい．また，定常波とは図4-8に見られるような（主として山岳の強制による）停滞性ロスビー波である．

　図5-3の特徴は，低緯度で平均子午面循環による輸送が卓越し，逆に中緯度では波動によるものがほとんどである．低緯度の子午面循環とは，48ページのコメント(2)で指摘したとおり，式(3-2)の角運動量保存則を（波動がないとして）そのまま適用したハドレーの考えと定性的には同じことである．

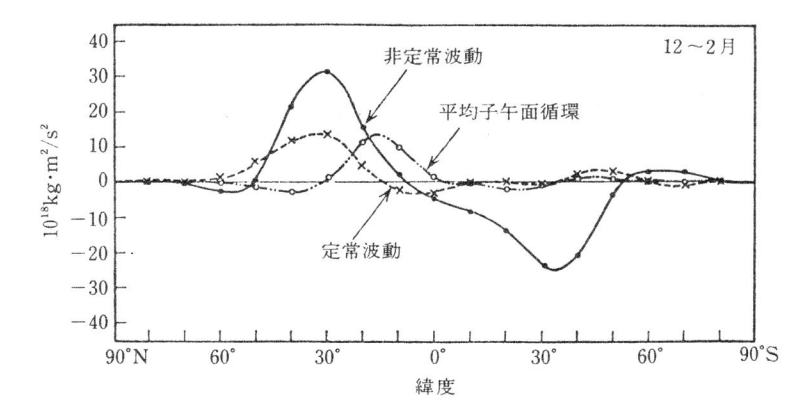

図 5-3 3ヵ月平均した角運動量の北向き輸送 (R.E. Newell *et al.*, 1972: *The General Circulation of the Tropical Atmosphere and Integration with Extratropical Latitudes*, Vol.1, The MIT Press より)

一方,中緯度で卓越する波動による輸送の原理は以下のように説明することができる.

ある高度レベルでの気圧の水平分布を,東西・南北方向に波形であるとしよう.すなわち,

$$p(x, y) \approx \sin(kx + ly) \tag{5-7}$$

と置く.

この気圧分布に対応する地衡風は,式(3-15)から($f\rho$など省略して),

$$\begin{aligned} u' &\approx -\frac{\partial p}{\partial y} = -l\cos(kx+ly) \\ v' &\approx \frac{\partial p}{\partial x} = k\cos(kx+ly) \end{aligned} \tag{5-8}$$

と書ける.したがって,

$$\overline{u'v'} \approx -kl\,\overline{\cos^2(kx+ly)} \tag{5-9}$$

であり,右辺のバーはこの場合東西($x$)方向に何波長かの平均(積分)をしてやればよい.2乗した量の積分は常に正だから,結局式(5-9)の符号は$-kl$で決まることがわかる.

さて,$k, l$をともに正とすれば,$\sin(kx+ly)$の等位相線($kx+ly=$一定)は,水平面上で北西-南東の傾きを持つ.そしてこの場合,$\overline{u'v'} < 0$である.

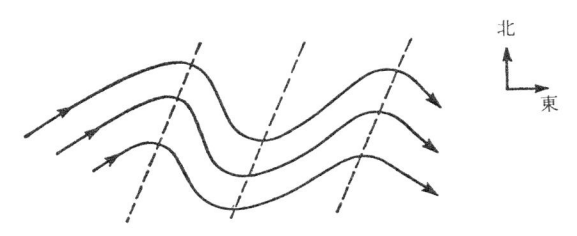

図 5-4　北東 - 南西方向に傾いた軸を持つ波の模式図

つまり南向きに運動量を輸送する．逆に $k$ か $l$ の片方が負ならば，等位相線は北東 - 南西の傾きを持ち，このとき運動量輸送は北向きである（図5-4）．

図 5-3 で見た中緯度の波動による輸送量が北向きであるという観測事実は波動が図 5-4 のような水平構造を持っていることを意味している．またまた説教くさいが，このようなことは，その気になって見れば（つまり確固たる指導原理を念頭に置いて現象を見れば），ちゃんと見えてくるものである．

日本列島は緯度 30～45° に位置し，北海道から沖縄まで，北東 - 南西に傾いている．毎日の地上天気図で日本付近を見れば，気圧の谷の位置はおおむね日本列島と同じような傾きを持っていることに気づくであろう．同様に図 4-8 の定常ロスビー波も，そのつもりでよく眺め直せば，大きな谷の位置が，僅かではあるが低緯度に行くにつれ西にズレていることがわかる．図 5-3 の $\overline{u'v'}>0$ とは，要するにこのような事実の定量的（統計的）表現だったわけである．

## 5-4　熱輸送

ここでは 4-10 節の図 4-9 に示した傾圧不安定波動（移動性高低気圧）について，それが熱を南北に輸送する働きのあることを示そう．前節までの議論と同様，この場合も波動の立体構造が本質的に重要である．

図 4-9 に見られる特徴は，波動の低圧域（谷）の前面（東側）が高温域，高圧域の東側が低温域になっている．地衡風の関係からして，低圧域の東側は極向きの風，高圧域の東側は赤道向きの風だから，（北半球でいえば）高温域と南風，低温域と北風が一致している，と言い直すこともできる．

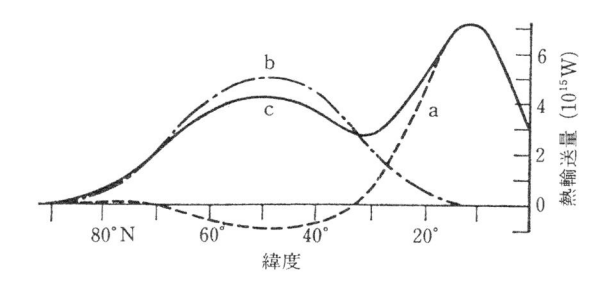

**図 5-5** 冬季北半球における熱の北向き輸送量 (Newell 1972：前出)
a は子午面循環，b は波動によるもの，c は両者の合計を表す．

　天気図の好きな人ならば，この事情は，低気圧の東側に温暖前線，西側に寒冷前線があることと結びつけて納得してもらってもよい．

　このような波動の位相構造に伴い，時間および帯状平均した熱輸送量は $\overline{T'v'}>0$ である．図 5-5 に見られるとおり，この場合も角運動量輸送と同様，波動によるものが中緯度で卓越し，逆に低緯度では子午面循環（ハドレー循環）が熱輸送のほとんどを担っている．

## 5-5　対流圏の大循環

### a) 低緯度ハドレー循環

　図 5-3，図 5-5 の観測事実が示すように，緯度 30° より赤道側の低緯度領域では，角運動量輸送も熱輸送も，波動の寄与は無視できるほど小さく，結局は，250 年前にハドレーが考えた古典的大循環論と基本的には同じメカニズムで説明することが出来る．

　しかしながら，どうして低緯度対流圏には大規模波動が卓越しないのか，ともし問われたとき，その解答として，たまたまそこには強制波を作り出すような地形効果も弱くかつ東西風の場も安定である，といっただけで満足できるであろうか．

　さらにまた，どうしてハドレー循環が緯度 30° あたりでつぶれてしまうのか，との質問はより深刻である．確かにハドレーの考えを単純に低緯度から

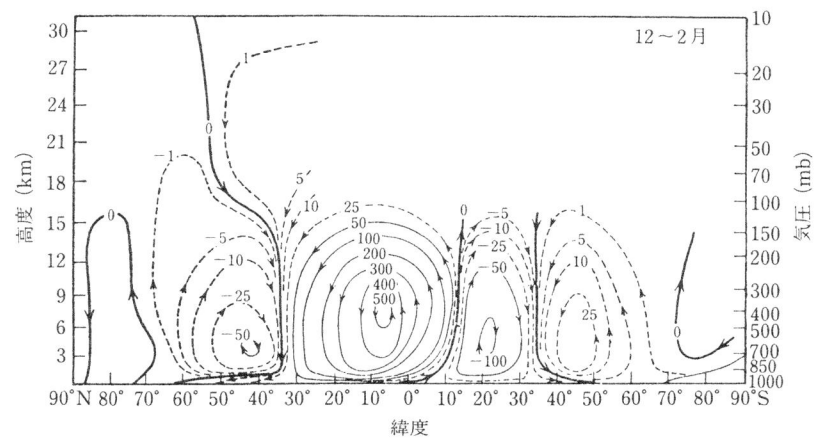

図 5-6　対流圏における平均子午面循環（Newell, 1972：前出）
質量の流れで表してある．流線関数の値の単位は $10^{18}$ kg·m²/s².

極まですべてに適用しようとすれば，西風の風速は極域で無限大になってしまう．だから困るのだ，といってみてもこれまた答にはならない．この難問に対する挑戦は，実をいえば，ハドレー（1735）以後 19 世紀から 20 世紀前半にかけての，気象学の最大の論点であったとさえいえる．

　図 5-6 を見ていただこう．第 3 章の終りのコメント（47 ページ）のところで述べたように，実はこの図はあまり示したくないのだが，否定的な意味であえて掲げる．

　ほとんどのテキストでは，この図をいとも安直に掲げ，これをもって「子午面循環」と称している．また，ことさら中緯度の「逆循環」や「3 細胞説」を強調する説明も多々見かける．この図は実際の観測に基づいて，まず各点におけるナマの南北風 $v$ から時間平均および帯状平均を求め，次いでその収束発散に見合う上昇流 $w$ を質量保存則から計算したものである．精度はともかく，これはこれで立派な観測事実であるが，問題はその解釈である．

　低緯度対流圏には大規模な波動が卓越していない，という事実に立脚すれば，本来，そこでの子午面循環は，$(\bar{v}, \bar{w})=(v, w)$ であるから，時間帯状平均などする必要がない．各子午面で，どの時刻に見ても同じはずである

(ハドレーが, 大循環を, 東西一様, 時間的に定常, と仮定したことと同じ).

言いかえれば, 図 5-6 の低緯度子午面循環とは「実体的」なものである. つまり, 赤道付近の空気分子に色でもつけて追跡すれば, ほぼこのとおりに動いて見えるであろう.

これに対し, 中緯度の「逆循環」は全く意味が違う. 再三述べてきたように中緯度では傾圧不安定波のような大規模波動が卓越している. 図 4-9 の立体構造と熱輸送について説明したとおり, 低圧域前面の高温域は極向きの地衡風と一致し, それは同時に傾斜対流の上昇域でもある. したがって, 相対的に見れば, 上昇流は波に伴う極向きの風に流されて北に偏し, 高圧域前面の下降流は赤道向きの風に乗って南に偏する傾向を持つ. これを各緯度線に沿って帯状平均すれば, 当然, 高緯度側に上昇域, 低緯度側に下降域が位置するように見える. それが図 5-6 の逆循環である.

つまり, この場合, 各子午面で見た実際の運動 $(v, w)$ と平均値 $(\bar{v}, \bar{w})$ とは全く別のものである. 言いかえれば, 中緯度の子午面循環とは帯状平均によってはじめて見える循環であり, 実体的なものではない. むしろ, 「波の影を映した虚像」とでもいうべきものである.

話を戻して, 本来ハドレー循環とは如何なるものか, そして現実大気中でそれが低緯度にしか存在しないのは何故か, という設問の真の解答はまだ得られていない. おそらくは, 熱帯域における対流活動 (強い積乱雲集団の振舞い) のメカニズムと深く関連しているであろうと想像されるが, 残念ながら本書ではこれ以上の議論をすることは不可能である.

(1) 普通の低気圧に伴う上昇運動の大きさは, 数 cm/s の程度であり, 通常の気球観測から直接検出することはできない. これに対し南北風はプラスマイナス数 m/s のものを寄せ集めて, 1 m/s 以下の弱い平均流を求めることができる.

(2) ナマの風を使う意味は, もし地衡風の近似をして $v \propto \partial p/\partial x$ とすれば, 帯状平均によって $\bar{v} \propto \int_0^{2\pi} \partial p/\partial x\, dx = 0$ となってしまうからである.

(3) 図 5-6 のような平均子午面循環図, およびその前身である今世紀はじめまでの 3 細胞循環模式図の持つ歴史的意義は高く評価されてよい. その実体を理解しようとする努力の中から, 波動の解明が進展し, 現代の大循環像が生まれたからである.

### b) 中緯度の大循環

図 2-2, 図 2-6, 図 3-1 等で論じてきた対流圏大循環の説明さるべきポイントを整理し直してみると，

(1) 赤道-極間の温度差の存在．しかしそれは緯度ごとの放射平衡を保ってはいないこと．

(2) 南北温度差と温度風の関係でバランスした東西風の存在．しかし，単純なハドレー循環（角運動量保存則）から要請される高緯度強風は存在せず，中緯度に西風ジェットが局在していること．

の二つをあげることができる．(1)は熱輸送と，(2)は角運動量輸送と，それぞれ直結した問題であることはいうまでもないが，さらに(1)と(2)とが温度風の関係で強く結ばれていることも忘れてはならない．

まず，傾圧不安定波による極向き熱輸送の働きに着目して，その効果を $H$ と書こう．厳密にいえば，温度の決定に関与するのは熱輸送量そのものではなく，そのたまり（緯度方向の収斂発散）であるが，いまは単に形式的に $H$ と書いておく．したがって，以下の式は，さまざまな物理量の間の定量的な関係式ではなく，むしろ「記号論理式」として読んでほしい．

熱のバランスは，2-8 節の議論（29 ページ）と同じ記号で，

$$R_\mathrm{S} = R_\mathrm{L} + H \tag{5-10}$$

と書ける．

しかし，$H$ をもたらす波動は，4-10 節で見たとおり，南北温度差で規定されているはずであるから，これまた形式的に $H = H(R_\mathrm{L})$ と書ける（$R_\mathrm{L} = R_\mathrm{L}(T)$ であることに注意）．このことから，式(5-10)のバランスの因果関係を「与えられた太陽放射 $R_\mathrm{S}$ に見合うような，（波動運動を媒介とした）気温分布 $R_\mathrm{L}(T)$ が決まる」と読むことがまず出来る．つまりそれは 2-8 節で述べたシナリオ(2)である．

一方，（角）運動量に注目してその赤道-極間における緯度分布を，形式的に $U$ と書くとすれば，それは基本的に温度風バランスの関係から，$U = U(R_\mathrm{L})$ である．この運動量のバランスは，一つには摩擦による固体地球と大気間の運動量交換であり，摩擦係数を表すために $\alpha U$ とでも書いておこ

う．もう一つは波動による緯度間の運動量輸送（のたまり）$M$ であり，熱の場合と同様，これまた平均風（したがって温度分布）によって規定されているから $M=M(U)$，あるいは $M=M(R_L)$ と書ける．

これらの記号表現を使えば，運動量バランスは形式的に，
$$aU+M(U)=0 \tag{5-11}$$
あるいは，
$$aU(R_L)+M(R_L)=0 \tag{5-12}$$
と書くことができる．

式(5-11)と式(5-10)とを見比べて，何か妙だと感じた人がいたら立派である．そう，熱バランスの場合は $R_S$ という，文字どおり天下り的に外から与えられた量がまず存在し，地球大気の諸量がそれに対応して決まる，という筋書であったのに対し，運動量バランスの場合は，それに相当する外部物理量が存在しない（摩擦係数 $a$ などは意味が全く違う．$H$ や $M$ の関数形にも $f$ や $g$ などの定数がいっぱい入っている）．したがって，式(5-11)では $U$ はその分布形を自分自身で決めなければならない．

このことの「奇妙さ」を物語る恰好の材料として，これまた多くのテキストに安直に書かれている「中緯度西風ジェットの成因論」に触れておこう．その成因論とは，一口にいって「ジェットによる吹き抜け効果」である．すなわち，図4-3の模式図（60ページ）で，円形渦を乗せて流れる平行流が，中緯度で最大値を持つようなジェット型であったとすれば，円形渦は中緯度でだけ速く東に進み，流れの遅い低緯度側と高緯度側では取り残される．その結果渦（波）部分の気圧の峰や谷は，ジェットの極側で北西 – 南東，赤道側で北東 – 南西の傾きを持つことになる．図5-4で見たとおり，これは波動がジェットの中心に向けて両側から運動量を輸送していることを意味している．故に運動量が集中化され，ジェットが生成維持される．

現象論的事実としては確かにそのとおりである．しかしながら，これだけではジェットの生成機構を本当に理解したことにはならない．何故ならば，上に述べた説明（らしきもの）は，論理的に見て，まさに「循環論法」だからである．そもそも説明されるべき運動量の分布を先に持ってきて，その結果としての波動の位相構造を原因のごとく扱っているのは，要するに，ジェ

ットの存在理由をその性質自体に帰着せしめていることにほかならない．

**論理に関するコメント**
(1) 「存在」と「属性」とは明確に分離されねばならぬ．これを厳密に行っているのはさすがに数学のテキストで，ある方程式の解が「唯一つある」とは言わず「一つあって一つに限る」と表現されている．
(2) 上に述べた循環論法は，進化論における用不用説にやや似ている．たとえば，キリンの首が長いのは樹木の葉を喰べるのに好都合だから，という説明のように．このような説明の仕方は，自己矛盾は含んでいないが，必ずそうなるという説明とは違う．草食動物にはカバやブタのように首の短いものもいるではないか．ひと言にまとめれば，「無矛盾性とは必然性を意味するものではない」．

この必然性の欠如こそが，式(5-11)に外部物理量が入っていないことの帰結なのである．つまり，角運動量保存則という枠組一つだけからは，定性的にせよ，観測される大気の状態（図3-1）を理解することはできない．

したがって，次に考えるべきことは，式(5-10)と式(5-12)とを連立させることである．しかしながら，式(5-10)の熱バランスの要請から決まるとした温度分布 $R_L$ が，同時に式(5-12)の運動量バランスを自動的に満たすという保証はどこにもない．

この難点を解決する一つの方法は，その責任をすべて波動（この場合は傾圧不安定波）に押しつけてしまうことである．すなわち，式(5-10)における熱輸送 $H$ も，式(5-12)における運動量輸送 $M$ も，ともに同一の波動の持つ二つの属性なのであるから，この二つの要請（熱および運動量バランス）の式を同時に満たすような $H$ と $M$ を持つ波動が存在している，と考えるわけである．ここまでくれば，これはもはや，摂動法的に考えた不安定理論の枠組を明らかに逸脱している．しかし，現実大気中で，平均（定常）状態としての大循環が存在している以上，このような大気波動が実在していることもまた事実である．

つきつめるところ，結局，問題は，大循環の最も重要な部品としての波動の特性を如何によく理解（説明）できるか，という点にしぼられる．実測される平均場の温度分布や東西風分布が傾圧不安定を生み出す潜在能力を有し

ていることは摂動法の範囲内で一応は理解できている．また，その波動が現実大気の中で，図 5-3，図 5-5 のような輸送能力を持っていることも観測からよく確かめられている．その作用の結果として図 2-2 や図 3-1 のような分布が存在している．くどいようだが，再三にわたって強調してきたように，図 2-6 は大循環論のゴールなのである．残念ながら，われわれはまだ，その中心的部品である波動が，どうして式(5-10)と式(5-12)を同時にうまく満たすように存在しうるのか，という問いには答えていない．

この深刻さに対して，そもそも複合過程なのだから強いて因果論的解釈を持ち込むことはない，との態度を本書ではとらない．それは，ややもすれば，きわめて安易な「ニワトリと卵」的議論への逃避にすぎなくなってしまうからである．

それならば，複合過程の考えられるさまざまな要因（放射，陸や海，雲や雨……）を最初から全部取り込んだ数値計算を行って観測値を再現して見せればよいではないか，との態度も一方ではあり得よう．しかし，ここで提起している問題は，定量的なことではなく，ある特性を持った波動が存在する必然性を追い求めることなのである．式(5-10)以下の式を記号論理式であるとあえて断ったのはそのためである．各項に具体的な数値を代入して等号が成り立てば良しとする問題ではない．

確かに，大循環にはいろいろな理解の段階があろう．観測値を整理し，それがさまざまな法則と個々に矛盾しないことを確認しただけでもそれは立派な理解といえる．しかし，この節で述べたような問題提起をすること，そしてその解答のために，より深く観測・解析・理論を発展させることこそ，大循環論の論たる所以なのである．

> 熱のバランスには，もちろん，波動以外にも，海流による輸送とか水蒸気の潜熱とかの重要な物理過程が関与している．それらもまた，部品として不可欠な研究対象である．しかし，それらの効果を全部ひっくるめて $Q$ とでも書き式(5-10)の右辺につけ加えても，本節の論理にはいっさい抵触しない．

# 6 成層圏・中間圏の大循環

## 6-1 中層大気

　大気の高度領域を温度構造に着目して区分したのが，第2章の2-2節（14ページ）で示した，対流圏・成層圏・中間圏である．領域の特徴に応じて命名する方法は，ほかにも，大気組成や運動形態，あるいは電離度など，いろいろと考えられる．中間圏の上端（高度約80km）は，同時に電離圏のはじまり（D領域）でもあり，温度分布から決めた熱圏（80 km以高）と重なり合っている．

　この事情は，京都や大阪を，地理的・行政区画的に見たときには近畿地方，文化圏的に見たときには関西地方，と呼ぶのに似ている．

　最近では，大気中のさまざまな物理過程を総合的にとらえ，その特色によって，大気の高度領域を大まかに三つに別けて呼ぶことが一般的に行われるようになってきた．すなわち，対流層を下層大気，成層圏・中間圏および下部熱圏を中層大気，それ以高を上層大気と呼ぶ．中層大気とは，高度にして，およそ10〜120 kmと考えてよい．英語では "Middle Atmosphere" という．

　因みに，歴史的な言葉として，高層気象台とか高層天気図とかいう場合の「高層」とは，基本的に地上との対比であり，通常の気球観測がカバーする高度30 kmあたりまでを意味する．これに対し，電離圏を主たる研究対象とする場合に，「超高層大気」という名前が使われることもある．

　強引にいえば，中層大気とは（電離圏の下部を少し含むとはいえ），電離していない中性大気であり，一方，対流圏の特徴の一つである雲や雨とは無縁の領域である．この二つのことから（多少冗談めかして），中層大気とは雨カンムリのない世界である，と言ってもよかろう．当然のことながら，天気という感覚は全く無用となる．

　この章では，中層大気領域に繰り広げられる地球規模現象の面白さと，そ

の物理的解釈の妙味とを，例のごとく観測と理論との対比を行いつつ述べることにしよう．

## 6-2　中層大気の観測

　気球に温度計をつけて飛ばすことによって成層圏の存在が発見されたのは20世紀初頭のことであるが，高度約30 km（気圧約10 mb）までの気球観測網が地球規模で組織的に整備されたのはいまから30年余り前の1957〜58年に展開された国際地球観測年（IGY）からである．もちろん，広い海洋上や赤道域・極域等，観測点設置の困難な領域もあるが，ちょうど地上の天気図と同じような，気圧や気温の水平分布図が成層圏について北半球規模で描かれるようになったのは，まさにIGYの頃からである．
　時を同じくして，小型ロケットを打ち上げ，測器を積んだパラシュートを落下させて気温・気圧・風向風速の高度分布測定を行う試みも，限られた観測地点ながら行われはじめた．この気象ロケットは普通高度60〜70 km，少し特殊なものでは90〜100 kmあたりまで到達する．
　気球やロケットによる観測が，その場所に直接測器を持ち込むものであるのに対し，1970年代に入ってからは，人工衛星による遠隔測定（リモートセンシング）技術の急速な進歩に伴い，中層大気のグローバル観測は大きな発展を見るに至った．ここでは，その測定技術の詳細に触れるゆとりはないが，原理だけを大づかみに述べておこう．
　通常の天気予報に用いられている「ひまわり」は，いわゆる静止衛星で，高度約36,000 km．可視光線および赤外線を利用した雲のイメージング（画像作製）を行っている．これに対し，中層大気観測に用いられる衛星は，高度約1,000 kmの極軌道を周期100分程度で太陽について回る．高度が低いため単なるイメージングだけでなく，各波長帯の放射を分光測定できる．特に赤外線の15ミクロン付近の$CO_2$吸収帯の分光測定から，大気温度の鉛直分布を求めることができる．気温分布$T(z)$がわかれば，静力学平衡の関係式を用いて$p(z)$，あるいは$z(p)$が求まり，さらにその水平分布から，地衡風の関係式で大規模な風の場を算定することもできる．

太陽同期の極軌道衛星の特徴は，いうまでもなく，地球全域を（海陸に関係なく）ほぼ一様にカバーし，1日1回の割合で長期間連続した観測を行うことにある．ロスビー波の例として示した62ページの図4-6はこのような衛星観測のたまものである．

　加うるにまた，近年は，地上からのリモートセンシングとしてVHF電波を用いる大型レーダー観測も発達し，衛星では不可能な時間的・高度的高分解能測定によって，中層大気の運動の研究に威力を発揮している．77ページの図5-2に見られる成層圏重力波は京都大学MUレーダーの成果の一つである．

　このように，新しい観測は常に新しい世界を切り拓く．中層大気物理学の発展はそのことを如実に物語っている．しかしながら，この場合も，序論で強調したとおり，「測定」と「観測」との関係，つまり，「何が測れるか」と「何を測るべきか」との間にひそむ問題意識を忘れてはならない．

## 6-3　中層大気の特徴

　雨カンムリの話を除けば，中層大気とて大気の一部分であるから，これまでに述べてきた放射や力学に関わる基本的な概念や支配方程式は共通である．早い話が，重力 $g$ や回転 $f$ も同じである．地球半径 6,300 km に比べれば，高度が 5 km であろうと 50 km であろうと，幾何学的な差はないと考えてよい．

　流れや波を論ずる大気力学の立場から見て，下層大気と中層大気の最大の違いは，4-8節で述べた場の安定性と強制力の存在である．

　中層大気においても，確かに南北温度傾度（およびそれに対応する温度風としての）平均流の鉛直シアーは存在するが，対流圏とは違って，その場で大規模不安定波を生み出すことはない（理論的には弱いながら不安定性は存在するが，それが現象的に波の卓越となって現れることはない）．つまり，中層大気は力学的に安定なのである．

　他方，強制力についてみれば，これまた図4-7の山岳波や図4-8の停滞ロスビー波などを強制的に作り出す地形効果は大気の底（つまり地表）にのみ存在し，中層大気の内部で直接作用するものではない．ついでにいえば，台

風などのように，積雲活動に伴う水蒸気の凝結熱が本質的な役割を演ずる現象も，雲のない中層大気中では期待できない．

強制作用が中層大気中で現れる唯一の例は 4-9 節で述べた大気潮汐である．しかし，月や太陽の引力の効果は主として大気の質量（密度）の大きな下層大気に働くであろうし，太陽加熱が直接働くオゾン層（高度 20～30 km）も中層大気の上部で見れば遠く離れた場所での作用である．

結局，中層大気の波動がもし存在するとすれば，それは，遠く隔たった領域での強制力の影響ということになる．前章で説明した概念を使えば，これはまさに「波動の伝播」であり，「エネルギーの遠隔伝達」である．それ故，本章の議論の中心はこの二つのキーワードが占めることとなろう．あきもせず説教を繰り返せば，新しい領域の現象を見ていくときの着眼点は，このような考察の裏づけによって決められるべきものなのである．

> (1) オゾンについて：本書では大気の組成についてほとんど触れない．詳しくは，島崎達夫著『成層圏オゾン [第2版]』（東京大学出版会，1989）を参照のこと．一つだけ注意するなら，図 2-2 に見られる高度 30～60 km 領域の高温は，成層圏オゾンが太陽紫外線を吸収して加熱された結果である．オゾン（$O_3$）の存在は，もともと地球大気が約 21％もの酸素（$O_2$）を持っているからであり，酸素を持たない火星大気や金星大気では，オゾンもないため，中層大気の高温域に相当する層状温度構造は見られない．
> (2) 中層大気に雲がない理由：高山に登って飯盒で米を炊こうとすると，気圧が低いため 100°C 以下で沸騰してしまい，うまいメシが作れない．高度 40～70 km 領域は，これの極端な場合で，その場の気温が水の沸点より高く，水（雲粒）はすべて水蒸気となってしまう．例外として気温の低い冬期南極成層圏では辛うじて水が液相や固相で存在し得る．これを Polar Stratospheric Cloud（PSC）といい，南極オゾンホールとの関連が目下盛んに研究されている．

## 6-4　成層圏循環の季節進行

図 2-2 の温度分布のところで強調した成層圏中間圏の特徴の一つは，夏半球と冬半球との反対称性，すなわち季節の存在であった．

中層大気における季節進行の様子は，図 6-1 にきわめてよく現れている．これは，先に述べた極軌道衛星ニンバス 5 号による赤外放射観測値を 2 年間にわたって，北緯 80° と南緯 80° の帯状平均値について示したものである．図の縦軸はある波長帯における赤外放射強度であるが，大まかにいって，これは高度 40～50 km の大気層の代表的温度を表すと考えてよい．数値は，これまた大雑把にいって，縦軸に示されている放射強度（単位は W/m²·str）に 180 を足したものが絶対温度（°K）にほぼ等しい．すなわち，年間を通して 230°～280°K くらいの幅の中で変動している（図 2-2 と対比せよ）．

さて，南北両半球における季節進行の図から，直ちに次の特徴が読みとれる（いうまでもないことだが，季節は二つの半球で 6 ヵ月ずれている．北半球では 12 - 1 - 2 月が冬，6 - 7 - 8 月が夏，南半球ではその逆である）．

(1) 両半球とも気温は夏に最大，冬に最小を示す．最大値は南半球の真夏の値のほうが北半球に比べ 5°K ほど高い．
(2) 季節進行は基本的にサインカーブに近い形をしている．
(3) 緩やかな季節進行に重畳して，冬から春にかけて変動が見られる．その変動の時間スケールは明らかに 1 ヵ月よりは短く，およそ 10 日のオーダーである．
(4) 北半球ではその変動が特に顕著で，1973 年の 1 月，1974 年の 2 月のように，10 日間で 20°K 以上の激しい温度変化が見られる．南半球の変動は穏やかで，高々 10°K 程度である．

以下，この図に現れている観測事実を，中層大気大循環論の動機として話をはじめよう．

まず第 1 に，季節変化が緩やかなサインカーブを描いていることは，中層大気の温度場の決定に放射が強く関与していることを示唆している．しかし一方，時間スケールが 10 日程度の帯状平均温度の変動は，放射過程のみでは説明できそうにない．そこには大気の運動（特に波動）が強く関わっていると推測される．

図 6-1 に関するコメント
(1) 北半球の夏より南半球の夏のほうが 5°K ほど高温である理由は，地

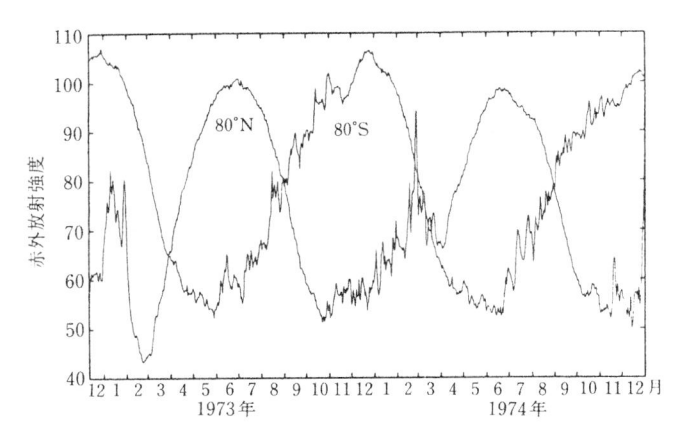

**図 6-1** 気象衛星ニンバス 5 号の赤外分光観測に基づく南北 80°の帯状平均放射輝度の季節変化（Hirota *et al.*, 1983：*Quart. J. Roy. Meteor. Soc.*, **109** (461), 444 による）

縦軸の数字（単位 W/m²·str）に 180 を加えたものが上部成層圏（高度 40〜50 km）の気温（°K）に相当すると考えてよい．

球公転の楕円軌道からおよそのところを理解することができる．地球と太陽との距離は 12 月と 6 月で約 3.3%ほど 12 月のほうが短い．太陽放射の強さはその距離の 2 乗に反比例するから，式(2-5)の放射平衡の考え方を当てはめれば，気温は 3.3%の 2 乗の 1/4 乗，つまり 1.6%異なるはずである．280°K の 1.6%は約 4.5°K．

(2) 図 6-1 は，10 年ほど前，当時京都大学理学部の 4 年生だった塩谷雅人君が，学部の卒業研究の中で，独力で作ったものである．上記のような多くの重要な特徴を一枚の図にうまく要約して見せること自体，価値の高い作業である．塩谷君はその 5 年後，種々の衛星観測資料を活用した南半球成層圏循環の研究で理学博士号を取得した．

## 6-5　平均東西風と波動

図 6-1 の成層圏温度変化は特定の緯度と高度についてのものであったが，衛星観測からは，当然，すべての緯度について，しかも成層圏全域について温度分布を知ることができる（ただし，上部中間圏以高については現在でもまだ測定技術上の難点から十分な観測は行われていない）．

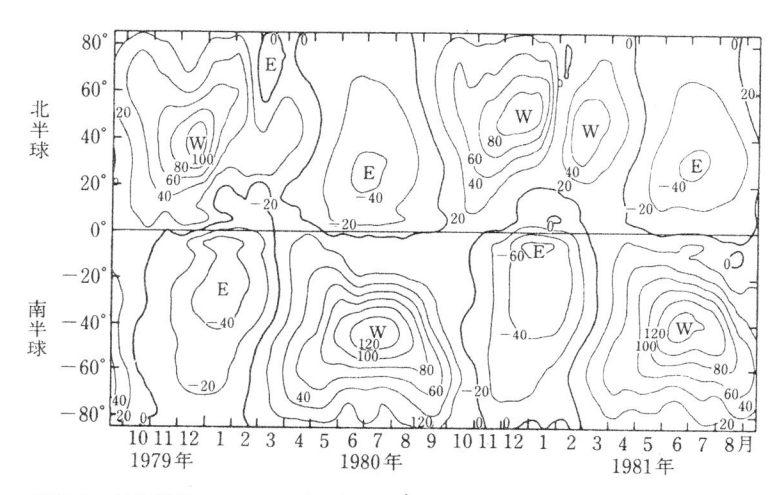

図 6-2 気象衛星タイロスの赤外放射観測に基づき地衡風近似から求めた 1mb 面における平均帯状流の緯度時間断面図（Hirota et al., 1983 前出による）単位は m/s. W は西風, E は東風を表す.

温度分布がわかれば，静力学平衡の関係式(3-5)と，下層大気における気圧分布の気球観測値とを組み合わせることによって，中層大気における気圧分布（あるいは等圧面高度分布）を知ることができる．さらにその気圧分布に地衡風の関係式(3-15)を適用すれば，大規模な運動の場を求めることができる．当然のことながら，この風の場と温度の場とは，温度風の関係を満たしている．

このようにして得られた東西風成分の帯状平均値を 1 mb 面（高度約 50 km）について 2 年間にわたって示したのが図 6-2 である．すでに図 3-1 から推測されたように，この高度における帯状平均東西風も明瞭な夏冬反対称性，つまり季節変化を示している．この図は上半分が北半球，下半分が南半球であるから，夏冬反対称性は同時に南北両半球の反対称性でもある．季節進行は，気温と同様，基本的にはサインカーブ的であり，春分秋分時（3月，9月）には両半球とも風は弱い．

この図が図 6-1 と異なる点は，時間方向に 20 日のずらし平均を施してあることで，したがって時間スケール 10 日程度の変動は消去されている．そ

(a) 7月

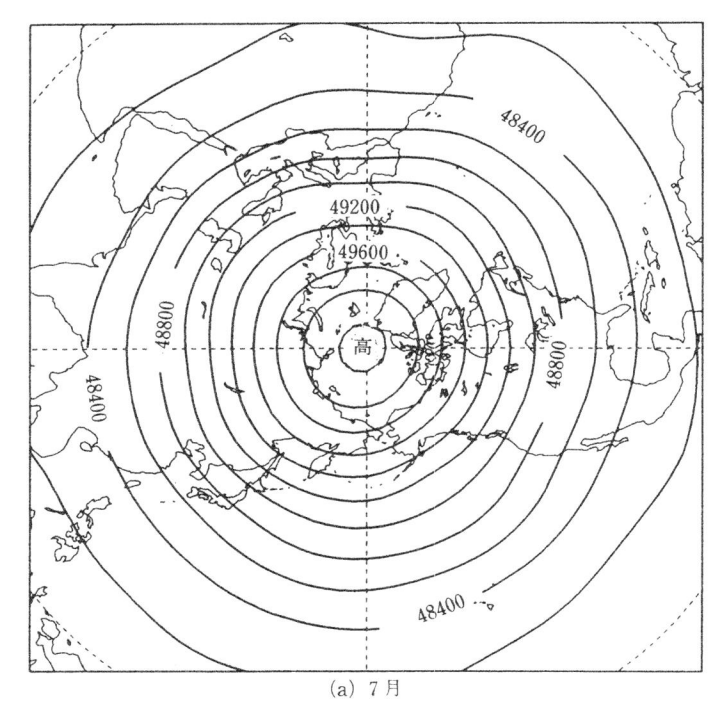

図6-3 1987年7月(a)と1月(b)
単位

れでもなお，緩やかな季節進行に重畳した乱れ成分（サインカーブからのズレ）が見られ，地球の公転と放射との関係だけからは説明できない力学過程の存在を示唆している．

半球規模の流れの様相を端的に示すものとして，図6-3には，北半球の夏（7月）と冬（1月）における月平均の1mb等圧面高度分布を示す．この図もまた，夏と冬の違いをきわめて明瞭に提示している．すなわち，その特徴を列挙すれば，

(1) 夏は極を中心にするほぼ同心円の等高度線である．極域が高圧だから，地衡風の関係から卓越風は東風，波動はほとんど存在しない．
(2) 冬は極域が低圧で，全体としては西風の地衡風が卓越．しかし同心円

(b) 1月

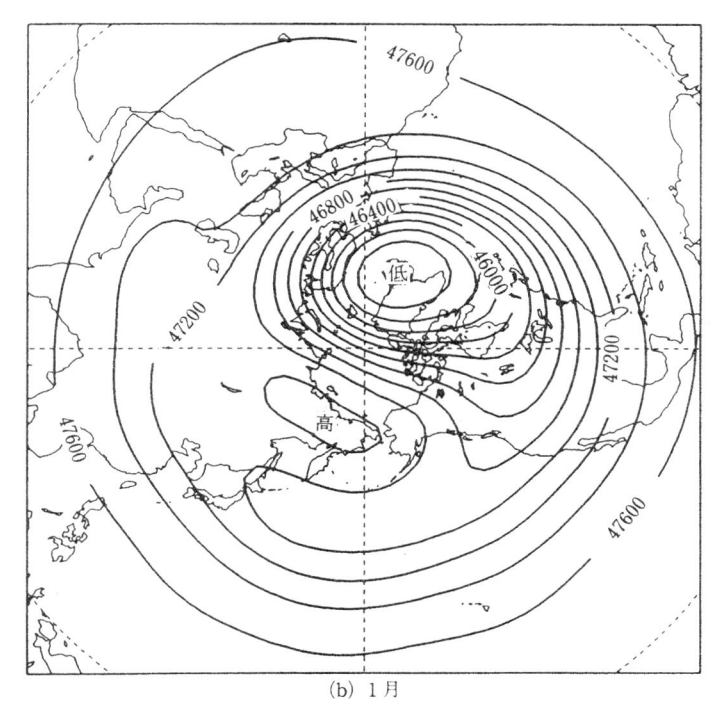

の北半球月平均1mb面高度分布
はm.

からはかなりずれている．中高緯度の緯度円に沿って見れば太平洋側が高圧，大西洋側が低圧，つまり，同心円に重畳した東西波数1のプラネタリー波が存在する．さらに北米およびヨーロッパ方向にも少し伸びているから，東西波数2の成分も含まれている．

　この図は7月と1月の月平均図であるが，個々の日について見ても（一部例外的な時期を除いては），ほぼこれと似たパターンが見られる．すなわち，成層圏循環の場においては，東西波数1〜2（中緯度での東西波長が1万km以上）の大規模波動のみが卓越し，対流圏大循環の主役であった波数5〜6の高低気圧波動は全く見当らない．しかも，そのプラネタリー波動の卓越は冬の西風のときに限られているのである．

(1) 図 6-2 で地衡風がコリオリ因子ゼロのはずの赤道上にまで示されているのを奇異に思う人もいようが,実は両半球の緯度 10°あたりで計算した地衡風を赤道域でつなぎ合わせた(内挿した)ものである.少なくとも,帯状平均値および長時間平均値に関する限り,この方法で求めた風はロケット等による赤道域の実測風とかなりよい精度で一致することが確かめられている.赤道の風については第 7 章であらためて論じよう.
(2) 図 6-1 の特徴 (93 ページ) の(4)で述べた冬極域(特に北半球)の急激な温度上昇は,プラネタリー波動の振幅の急速な増大と関係している.これは「冬期成層圏突然昇温」の名でよく知られている現象である.しかし,そのメカニズムは非常に入り組んでいるので,本書ではあえて突然昇温現象そのものを論ずることはしない.

## 6-6　ロスビー波の鉛直伝播

前節の図 6-3 に見られる波動の特徴から,直ちに次の問題が提起される.
(1) 成層圏波動はどうして冬の西風の中にのみ卓越し,夏の東風の中には現れないのか?
(2) 西風の中に現れる波はどうして水平スケールの大きい(東西波数の小さい)ものに限られるのか?

この問いかけは,30 年余り前,IGY の観測データから成層圏の総観図が描かれるようになった頃,夙に提示されたものであり,以後の中層大気力学の発展の原点ともいうべき設問であった.

その解答のヒントは,すでに本書の第 4 章と第 5 章で示しておいたはずである.

まず図 6-3(b)と 67 ページの図 4-8 とを見比べていただきたい.図 4-8 に見られる水平スケールの大きな波は,大規模地形(山岳)の効果によって強制的に作られたロスビー波であった.さらにまた,重力波(山岳波)のところで説明したように,大気下層で励起された波動は,その立体構造に応じてエネルギーを上向きに伝える働きを持っている.

したがって,いまここで必要なことは,平均流の中に存在するロスビー波の立体構造を調べてみることである.図 4-8 と図 6-3(b)とを,もう一度その

目で眺め直してみると，対流圏ではアラスカ付近の峰と日本付近の谷が，成層圏上部ではシベリア付近に峰，ロシアの東部に谷，というように，全体として，高さとともに西側に寄っていることがわかる．つまり，これは強制ロスビー波が立体構造を持っていることの証拠である．

ここのところ，しばらく「お話」ばかり進めてきたので，ちょっと腕まくりして算術をしてみよう．扱うべき状況設定は，中緯度で平均流 $U$ の中に東西方向の波が置かれている場合である．南北方向の変化は，大規模波動が感ずるコリオリの緯度変化（$\beta$ 効果）のみとする．簡単化のため平均温度場も南北に変わらないとすれば，温度風の関係から $U$ も高さに関係せず一定である．もちろん，平均図を想定しての話だから，時間変化はいっさい考えなくてもよい．

そのとき，運動に関する支配法則は，ロスビー波公式を導いた式(4-17)を敷衍した形となる．すなわち，渦度の保存は次の三つの過程で成り立つ．

(1) ロスビー波の持っている渦度が，平均流 $U$ によって運ばれる（移流される）こと．
(2) 波に伴う南北流 $v$ が惑星渦度 $f$ を運ぶこと（$\beta$ 効果）．
(3) 波に伴う上昇下降流 $w$ によって渦の伸縮が生ずること．

ここで，地衡風としての南北流 $v$ をもたらす波の圧力場に相当する量として $fv = \partial\phi/\partial x$ となるような量 $\phi$ を導入する．これと地衡風の式(3-15)とを見比べると，$\phi$ は気圧 $p$ に対応する量であることがわかる．そのとき，渦度の保存関係式は，上記(1)〜(3)に対応して，

$$U\frac{\partial}{\partial x}\left(\frac{1}{f}\frac{\partial \phi}{\partial x}\right) + \beta\frac{1}{f}\frac{\partial \phi}{\partial x} - f\left(\frac{\partial}{\partial z} - \frac{1}{H}\right)w = 0 \qquad (6\text{-}1)$$

と書ける（$H$ は静力学平衡のところで定義したスケールハイト）．第3項がどうしてこの形で書けるかは，話せば長くなるので残念ながら呑み込んでもらう．

もう一つの支配法則は波が定常を保っているために必要な温度のバランスである．この場合も一つには平均流による波の温度の移流，もう一つは上昇下降運動に伴う断熱温度変化である．

$\phi$ は気圧 $p$ に相当する量であるから，静力学の関係により，$\partial\phi/\partial z$ が温度

に対応する．したがって，温度の釣合いの式は，

$$U\frac{\partial}{\partial x}\left(\frac{\partial \phi}{\partial z}\right)+N^2 w=0 \qquad (6\text{-}2)$$

と書ける（$N$ はブラント振動数）．

ここで，重力波のときと同様，波の形（立体構造）として $\phi \approx \exp(ikx+imz)$ を仮定し，（さらに計算の便宜上）もう一つ $\exp(z/2H)$ の項をつけておく．すなわち，

$$\phi=\exp\left(ikx+imz+\frac{z}{2H}\right) \qquad (6\text{-}3)$$

を式(6-1)，(6-2)に代入し，さらに，その二つの式に含まれている $w$ を消去する．そのとき，4-3節で説明した「指数関数による波の表記法の利点」を想い出してもらえば，微分演算はすべて代数係数に置き換えられるから，あとは高校生にも出来る（いや受験生のほうが達者な）全くの算術となる．受験勉強はこういうときのためにこそやったはずだから，いまここでそのときの投資を回収しよう．その結果，

$$m^2=\frac{N^2}{f^2}\left(\frac{\beta}{U}-k^2\right)-\frac{1}{4H^2} \qquad (6\text{-}4)$$

を得る．$m$ についてまとめたのは，この議論の目的が波の鉛直構造を知ることだからである．

波が立体的位相構造 $\exp(ikx+imz)$ を持つためには，$m$ が実数でなければならない．もし $m$ が虚数（$m^2<0$）ならば波の位相は高さによって変化せず，上向きにエネルギーを伝える作用を持っていない．

$m$ が実数である条件，$m^2>0$ は式(6-4)から直ちに，

$$U>0 \quad \text{かつ} \quad k^2<\frac{\beta}{U}-\frac{f^2}{4H^2 N^2} \qquad (6\text{-}5)$$

と書き直すことができる．

これがこの節の最初に掲げた設問(1)と(2)に対する解答である．すなわち，式(6-5)から，立体構造を持つ波の存在条件として，

(1) $U>0$，すなわち西風の場合のみ

(2) 波数 $k$ はある値以下（水平波長の短いものは不適）

が与えられる．図6-3の観測事実が，これほど単純明快な理論によって説明

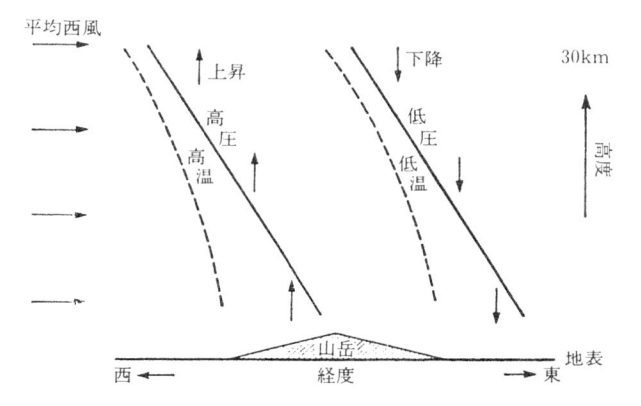

図 6-4 定常強制プラネタリー波動の立体構造の模式図

されることは，驚くべきことと言わなければならない．

　数式はそれなりにわかったが，どうも即物的な実感がわかない，という人のために，ここで述べた支配法則式(6-1), (6-2)の意味を図示しておこう（図 6-4）．この図は北半球中緯度で赤道側から北極側を見た東西断面である．ポイントを列挙すれば（図の左半分に着目し），

(1) 西風が大山岳に当り上昇流を作る．
(2) 上昇流が弱める渦と釣り合うため，北極側から大きな $f$ を運ぶ流れが存在する．
(3) その流れに地衡風的に釣り合うべくその西側に高圧部が存在する．
(4) 上昇流に伴う温度低下を埋め合せるように，その風上側に高温域が存在して温度移流をもたらす．
(5) その高温域と静力学平衡を保つように，高圧域は西に傾く．

　図の右半分（低圧，低温，下降）に関しても言葉使いを逆にすれば上記(1)〜(5)と全く同じことがいえる．

　これが強制プラネタリー・ロスビー波の立体構造なのである．

　しかし，図 6-4 に見られる構造の最も本質的な事柄は，高圧部と上昇流，低圧部と下降流がそれぞれ対応していることである．任意の高度で切った水平面を考えると，高圧域で上に押し，低圧域で下に引いているのであるから，

6-6 ロスビー波の鉛直伝播

これはその面の下側の大気が上側の大気に「仕事」をしていることになる．この上向きの仕事こそ，地表のストレスが波を媒介として上層に伝達されることの実体的な意味なのである．

**ロスビー波の伝播に関するコメント**
(1) 東風のときは伝播不可能，ということを確かめるためには，図 6-4 で平均流の矢印を図の右側から描き，(1)〜(5)と同様の辻棲合せを試みるとよい．どうしてもうまくいかないはずである．
(2) もっと直観的に，西風のときのみ伝播可能ということを納得したければ，「山で作られるといえロスビー波は $\beta$ 効果で西進しようとする傾向がある（図 4-5）．それを停滞させるためには西風によって東向きに押し留めるほかはない」といってみたらどうだろう．乱暴すぎる議論のように見えるが，これはこれで本質をついている．
(3) 図 6-4 の位相の西への傾きは，一見，傾圧不安定波の立体構造（図 4-9）とも似ている．しかし傾圧不安定波は上昇流の位相が違うので上向きに仕事をすることはない．だから成層圏までには届かない，というのも説明として正しい．
(4) この節で述べた強制ロスビー波の伝播に関する議論は，成層圏循環の観測事実が明らかになって間もない 1961 年にチャーニーとドレイジンが共同で作り上げた理論（のごく一部）を要約したものである．彼等の論文は，その後の中層大気力学理論のバイブルとさえいえるほど卓見に満ちあふれている．また，この理論は二人の名前の頭文字を取って C-D theory の名で親しまれている．

## 6-7 　重力波の鉛直伝播

すでに 5-2 節で説明したように，下層大気において何らかの強制力によって作られた大気重力波もまた，その立体構造に応じてエネルギーを上向きに伝える働きを持っている．このため，中層大気力学において，重力波はプラネタリー・ロスビー波とならんで重要な役割を演じている．

しかしながら，対流圏において，山越気流（図 4-7）を除けば，重力波は最も目に見えにくい現象の一つである．その時間空間スケールが小さいため，通常の天気図には全く現れてこない．したがって，重力波の研究の歴史は主

として流体力学としての理論的興味が優先するものであった．僅かな例外は，グライダー飛行が盛んであった今世紀前半のイギリスやフランスで，地形の作る上昇流を利用する目的で山岳波の研究が盛んであったこと，あるいは短波無線通信に関係した電離層の乱れの研究で重力波が着目されたこと，ぐらいである．

先に述べた気象ロケット観測も，当初は中層大気における平均的風系を知ることが主たる目的であったが，そのつもりになってみれば重力波を検出することが可能である．図6-5は，グリーンランド（77°N）における冬のある日のロケット観測値から，$z$ 方向に緩やかな変化をする基本場を差し引いた残りとして，水平風速 $u, v$，および気温 $T$ の鉛直プロファイルを示したものである．縦方向の波数分析をせずとも，この図から，高度 30 km 以高の領域で鉛直波長がおよそ 3～8 km 程度のかなり組織的な擾乱の存在していることがわかる．しかも東西風成分 $u$ と南北風成分 $v$ とが高さ方向に一定のずれを示していることも，この擾乱がある立体構造を持っていることを示唆している．風速擾乱の変動幅（振幅）はおよそ 10 m/s に及ぶ．

これらのことに着目し，擾乱の詳しい統計解析を行ってみると，この図に見られる擾乱は，式(4-14)を3次元的に拡張したような「慣性重力波」であることがわかる．そして，その特性として，式(5-6)で示したものと同じような上向き群速度を持っていることも示される．

一方，現象論的に見れば，地点は限られているとはいえ，世界中の気象ロケット観測点（約 20 ヵ所）の長年にわたるデータの統計から，この中層大気重力波は，一般に冬に強く夏に弱いという季節変化を示す．

しかしながら，前節で見たプラネタリー・ロスビー波の主たる励起源が地形（大山岳や海陸分布）であるのに対し，重力波の成因（強制力）についての知識は現在でもまだ不明の点が多い．山岳波はもちろんその一つの有力な候補であるが，それ以外にも台風や前線などの対流圏擾乱から重力波が発生しているという断片的な証拠もいくつかある．特に熱帯では，強い積雲活動が，あたかも水面に石を投げこんで重力波を作るのと似た意味で，大気を激しく揺さぶっていることが想像されるが，観測があまりにも少ない．これらの問題は今後の最も重要な研究課題であろう．

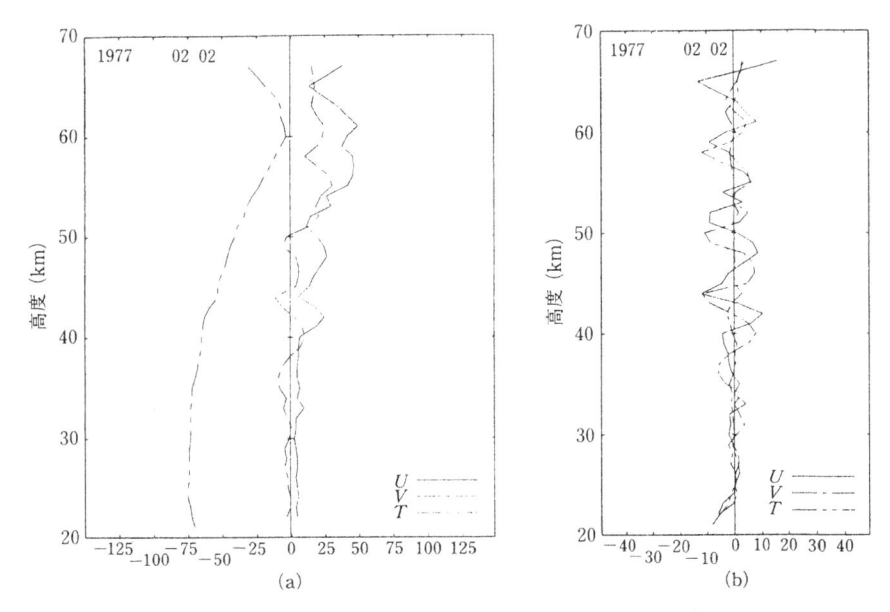

図 6-5　グリーンランド（77°N）における気象ロケット観測の一例（Hirota, 1984：*J. Atmos. Terr. Phys.*, **46**（9）, 768 による）
(a)は生データ，(b)は鉛直方向に平滑化した平均場を差し引いた擾乱成分．$U$（東西風成分）と $V$（南北風成分）の単位は m/s，$T$（気温）の単位は °K．

(1) 重力波は，ロスビー波とは違って，東風の中でも伝播できる．それは，水平スケールがあまり大きくない（100〜1,000 km）ため，球面効果（$\beta$ 効果）は現れず，西進東進の異方性を持たないからである．
(2) 重力波もロスビー波も，もしエネルギーを完全に保存しながら上方に伝播するなら，その運動エネルギー密度 $1/2\rho(u^2+v^2)$ は高さによらず一定のはずである．ところが密度 $\rho$ は式（3-7）のとおり $\exp(-z/H)$ で減少するから，風速は逆に $\exp(z/2H)$ で高さとともに増大する．そのため地上と 50 km では風速は数十倍違う．裏返していえば，図 6-5 のように中層大気中で振幅 10 m/s 程度であるためには地上では 1 m/s 以下でよい．それ故，下層大気では検出が難しいわけである．

## 6-8　波の働き

さて，ここまで中層大気の波動の特徴を確かめた上で，次にはいよいよ，それらが中層大気の大循環に果たす役割を考えてみることにしよう．前章で見た下層大気（対流圏）の大循環においては，角運動量バランスと熱バランスの二つの要請を同時に満たすために，傾圧不安定波が不可欠であったが，中層大気においてそれと類似のことがあり得るかどうか，が当面の問題意識である．

そのために，まずは中層大気の平均状態（図2-2，図3-1）と季節進行（図6-1）を見直してみよう．図2-2の中層大気中部を見れば，確かに太陽放射を最も強く受けとる夏半球極域が高温，反対側の冬半球極域が低温である．しかし，その温度は決して（静止大気としての）放射平衡の状態にはない．図2-6（27ページ）と同じ意味で，夏極が加熱過多，冬極が冷却過多である．その大きさを定量的に求めるのはなかなか大変な作業なので，ここでは結果だけを示すと，およそ $\pm 2 \sim 3°\mathrm{K/day}$ くらいの温度変化に相当する大きさである．

ところが一方，夏冬の極は，図6-1の季節進行に見られるとおり，半年（180日）かかって僅か50°くらいしか変化していない．つまり，平均して $\pm 0.3°\mathrm{K/day}$ 程度の温度変化にすぎない．このことは，とりもなおさず，放射以外に鉛直流による断熱変化や波動による熱輸送など大気運動の効果が中層大気においても卓越していることを示唆している．事実，図6-4の強制ロスビー波の構造を見ると，峰の西側が高温，谷の西側が低温であるから，5-4節の傾圧不安定波の場合と同様，$\overline{T'v'}>0$，つまり低緯度側から北極（冬極）側へ熱を運んでいることがわかる．

ここで当然，「それならば，ロスビー波の存在しない夏半球ではどうなのか？」との疑問がすぐ浮かんでこよう．そのとおり，夏半球では波による水平熱輸送はほとんど期待できない（またまたくどいようだが，対流圏の大循環論では，もともと季節がないのだから冬半球夏半球の区別はする必要がなかった）．

しかし，波の卓越する冬半球中層大気においてさえも，実は，ここに述べたような意味での極向き水平熱輸送そのものは実質的に何の作用をももたらさないのである．その理由を説明しよう．
　$\overline{T'v'}>0$ の意味での冬極向き熱輸送は確かに極域の温度を上げようとする傾向を持つ．しかし，同時に，それによる昇温は極で上昇低緯度で下降という子午面循環を作り出し，その極域における上昇流に伴う断熱冷却作用が，$\overline{T'v'}$ による加熱をキャンセルする形で，結局，平均場には何の影響も与えない（ここでいう子午面循環は，図 5-6 で批判した「虚像」と同じ意味での循環であるが，水平熱輸送と上昇冷却との相殺という過程は，虚像の中でそれなりに正当な意味を持っている）．
　要するに，強制ロスビー波は，そのままでは平均場を変える働きを持っていない．平均温度場の変化とは，温度風の関係から，平均風の変化（東西風の加速減速）のことでもあるから，この事情は波が流れを変えないという意味で「非加速定理」と呼ばれている（これもまた CD，チャーニーとドレイジンの得た結果の一つである）．
　この一見混乱した事情の突破口は，波に関して「定常状態」という仮定を取り除くことである．そもそも，波が定常とは，せっかく地表面で作り出したエネルギーを上向きに伝えても，そのまま変化せずに上層大気まで素通りしてしまうことであるから，途中の中層大気中に何の変化の痕跡も残さないのはむしろ当然である（5-1 節の輸送の概念のところで説明した，貨物満載トラックの通過の譬え話を想い出してほしい）．
　結局，残る可能性は伝播性波動が何らかの意味で変化することである．この変化とは，目に見える形での時間変化（振幅の発達や減衰）でもよいし，見かけ上は変わらなくても，下層から常に補給される波のエネルギーが中層大気中で時間的に一定の割合で消費されるような状況でもよい．（後者のイメージは，常にどこかで水漏れしている水道管のようなもの．全体として一見定常的であるが，元栓と蛇口をつなぐ流れに沿ってみれば水量は目減りしている．これは「流束の発散」にほかならない．）
　この水漏れに相当する物理過程は，実はかなり難しい問題を多々含んでいる．ここでは直観的に二つの過程を候補にあげておく．一つは，波自身の立

体構造に応じた，赤外放射による温度の均一化作用，つまり擾乱の高温域のほうが低温域に比べて $\sigma T^4$ の意味で余計に熱を放出するから温度は一様化の方向に進んで波が弱まること，である．二つめには，高度が増すにつれ，$\exp(z/2H)$ の意味で波の振幅が増大し，そのために局所的な力学的不安定性が生じて波が砕け，エネルギーを失うことである．

　　波の振幅が大きくなって不安定となり砕けるイメージは，下のカット（北斎の富嶽三十六景の一つ）を見ればこれ以上何の説明も要るまい．さらに時代をさかのぼって鎌倉三代将軍源實朝の和歌，
　　　　大海の磯もとどろに寄する波
　　　　　　われて砕けて裂けて散るかも
を想い起す人もあろう．

いずれにせよ，ロスビー波も重力波も（さらには潮汐波も），現実の中層大気において，ここに述べたような意味での上向きエネルギー流束の発散を生み出している．したがって，その発散量が何らかの形で平均場に取り込まれているはずである．裏返していうなら，その量を考慮に入れなければ，中層大気における大循環（角運動量および熱のバランス）を説明することは出来ない，という結論になる．

これで漸く，延々とここまで中層大気波動の性質を論じてきた意味がおわかりいただけたことと思う．瀬田の唐橋は渡り終えた．あとは一路，都をめざそう．

## 6-9　中層大気の大循環

ここでの議論の目的は，観測される中層大気の平均場に関する風速や温度の定量的な説明ではなく，むしろ，その特徴を波動と平均場の相互関係に着目し，因果関係の見地から解釈することにある．説明されるべき特徴は，再三述べてきたように，夏半球の高温と東風，冬半球の低温と西風である．

普通，この説明として次のようなシナリオが与えられている．

「夏至・冬至の時期の定常状態にある夏半球・冬半球を考える．太陽放射による加熱は，夏極で最大，冬極で最小である．加熱された夏極は高温低密度，冬極は低温高密度となる．したがって（対流運動として）夏極で上昇流，冬極で下降流，それをつなぐ夏極から冬極に向かう地球全体の子午面循環が形成される．夏半球において赤道に向かう子午面流に働くコリオリ力は東風を作り，冬半球で極に向かう子午面流は西風を生み出す．」

このシナリオを一枚の模式図にまとめたのが図 6-6 である．定性的には如何にも辻褄の合った説明のように聞こえる．

しかしながら，本書を冒頭から忠実に読み進んできてくれた人ならば，ここで何かおかしいと首を捻るにちがいない（またそうであってもらわないと困る）．

第1の疑問は地衡風（この場合東西風）の生成である．3-5節でコメントしたとおり，地衡風（あるいは温度風）は気圧（温度）分布とバランスした定常状態を意味し，南北風がコリオリ力で曲げられて東西風になるという説明は不適当である．

第2の問題は，2-8節で強調したように，観測される平均温度場とは，あくまでも大循環論の到着点であるべきものであって，高温だからといって，そこから対流が出発するかのごとき解釈は不適当である．

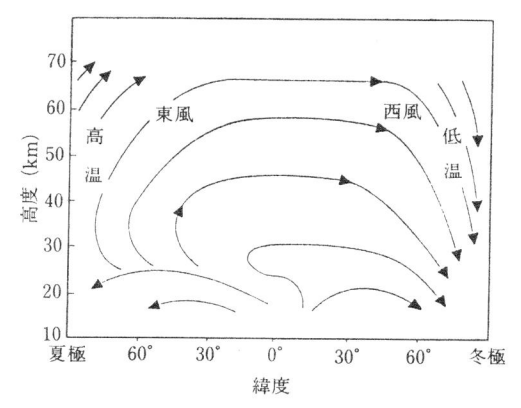

図 6-6 中層大気大循環の模式図

そして何よりもおかしいのは，このシナリオには前節で論じた波動の作用が全く含まれていないことである．

そこでいよいよ，本筋に入る．厳密な方程式を用いる代りに，ここでも 5-5 節の対流圏大循環論のときと同様，「記号論理式」で話を進めよう．

まず，平均東西風 $U$ は温度 $T$ と温度風バランスをしているのであるから，$U = U(T)$ である．もっと大胆に（記号式で），

$$U = T \tag{6-6}$$

と書くことにする．

> 式(6-6)の等号は，もちろん両辺の数値が等しいという意味のイコール記号ではない．あくまでも両者が（温度風バランスという法則によって）強く結ばれていることを表しているにすぎない．したがって，もしどうしてもイコール記号が気持の悪いという人は，代りに相合傘かハートのマークでも書いておけばよい．

次に，図 6-6 の平均子午面循環を $(V, W)$ と書く．この南北風 $V$ はもちろん地衡風ではない（式(3-15)を帯状平均すれば $\bar{v} \equiv 0$）．また，図 5-6 の中緯度逆循環のような虚像でもない．むしろ，古典的ハドレー循環と同じ意味での実体的運動である．したがって，この $V$ には直角横向きのコリオリ力が働く．それが定常を保つためには，そのコリオリトルクに見合うだけの東西方向の力が必要である．この力こそ，前節で述べた「伝播性波動のエネ

ルギー流束の発散」なのである．もう少し具体的にいうなら，5-2 節で地形性強制波の群速度の概念を説明したとき「東西風が地表の凹凸で受けるストレスが，大気上層まで伝達され，ブレーキ作用として働く」と述べたことにほかならない．それ故，エネルギー流束の発散を $D$ と書けば，やはり記号式で，

$$V = D \tag{6-7}$$

と書ける．

依然として，このような書き方になじめない人は，具体例の一つとして $fV = \dfrac{1}{\rho}\dfrac{\partial}{\partial z}(\rho u'w')$ の式を考えるとよい．これなら，両辺の次元も意味も完全に合致した本物の式である．さらにまた，この式の意味するところは，3-5 節のコメントに示した式 (*) と本質的に同じであることに注意されたい．

一方，子午面循環の南北流 $V$ と鉛直流 $W$ とは，質量保存の関係で結ばれているはずである．物理量としての式では，密度 $\rho$ をも考慮した上，南北流の水平発散と鉛直流の上下発散の和がゼロ，つまり，横から余分に入ってきた空気の質量に見合うだけの上下運動が存在する，と表現される．これをふまえて，

$$W = V \tag{6-8}$$

と記号表現しよう．

その次は熱のバランスである．これも 5-5 節の議論と同様，太陽放射 $R_S$ と赤外長波放射 $R_L$ との差を埋め合せる運動の効果が必要である．この場合，その作用は $W$ による断熱加熱冷却作用である．4-4 節で述べたブラント振動の復元力の説明を思い出してもらえばすぐわかるように，「暖かいから上昇する」のではなく，「上昇流に伴う冷却作用，下降流に伴う加熱作用」が働くのである．したがって，$R_S - R_L(T) = H(W)$ であり，これは，左辺が放射加熱冷却量として最初から与えられるのではなく，鉛直流との兼ね合いで温度場が決まる，と解釈すべき事柄なのである．それ故，論理式として，

$$T = W + R_S \tag{6-9}$$

と書くのが適当である．

これで，$U, V, W, T$ の 4 変数に関する 4 本の式がそろった．もう一度，

意味を整理して書き並べると,

$$\left.\begin{array}{ll}\text{転向力とストレスとの平衡:} & V=D \\ \text{子午面循環の質量保存則:} & W=V \\ \text{熱のバランス:} & T=W+R_s \\ \text{温度風バランス:} & U=T\end{array}\right\} \quad (6\text{-}10)$$

の連立方程式であることがわかる.これを見れば,中層大気循環という一つの複合システム($U, V, W, T$)が,この系の外から与えられる二つのパラメター $D$ と $R_s$ とによって規定されていることは一目瞭然である.さらにいえば,太陽放射 $R_s$ は地球と太陽との幾何学的位置関係のみによって決まる動かし難い量であり,考えようによっては,$f$ や $g$ と対等の定数に過ぎないともいえる.それに対し,$D$ のほうは,主として大気下層で励起された伝播性波動のなせる業であるから,状況次第によって変わり得る,つまり可変的パラメターである.

そこで,連立方程式(6-10)の解を目で探そう(「方程式を口で解く」というのは私の尊敬する学兄,松野太郎教授の発明した名言である).

まず,かりに中層大気波動がいっさい存在しないとすれば $D=0$ である.そのとき,式(6-10)から,当然 $V=0$, $W=0$, すなわち子午面循環も存在しない.温度場は $T=R_s$, つまり完全な放射平衡状態である.許される唯一の運動はその温度場と温度風バランスをする東西流 $U$ のみである.具体的に数値計算をしてみれば,図2-2,図3-1に比べ,夏極はかなりの高温(約300°K),冬極は非常な低温(約150°K),その水平温度傾度に見合う東西風の最大値は優に 200 m/s を越える.

しかし,このような非現実的状況を想定することはあながち無意味とは言えない.第2章の議論は,まさにこれと同じ立場から出発したのである.すなわち,現実大気の観測事実を大前提とし,運動(波動)を考慮しないで決めた平衡状態がどれくらい観測結果と違っているかを見極めることによって,結局,運動の果たす役割の認識へと到達するからである.

このような指導原理に導かれて,われわれはすでに,中層大気中の重力波やロスビー波や潮汐波の存在と属性を,観測と力学理論の両面から,ひととおり知るに至っている.角運動量流束の発散をもたらす個々のメカニズムや

その結果としての $D$ の定量的な見積りには,まだまだ多くの問題が残されているとはいえ,中層大気中には,その系の外から与えられるものとしての $D$ が存在していることは,厳然たる事実である.

よって,次のステップは,連立方程式(6-10)を,$D$ の存在を出発点として解くことである.それを「口で解いた」結果のシナリオは以下のとおりである.

(1) $D$ があるからこそ,それに見合う子午面循環の南北流 $V$ が存在し得る.
(2) その $V$ を埋め合せる質量保存則から $W$ が決まる.
(3) $W$ による断熱加熱冷却と太陽放射加熱との和に釣り合う赤外放射を射出するような温度 $T$ が決まる.
(4) 温度場 $T$ と平衡する温度風 $U$ が存在する.

この因果論的解釈は,この節の最初に述べたシナリオ,つまり「太陽放射で熱せられたために生ずる対流」という中層大気大循環像とは全く異なっている.新しいシナリオの本質は,「波動の作用によって駆動される循環」(wave-driven circulation) ということに尽きる.

長い旅は,これでひとまず終りを告げた.おそらく,このような大循環論を聞いたのははじめてだ,といわれる方も多かろう.理解の満足度という点では如何であったろうか.納得のいかない点があれば,是非もう一度,この道筋に至る途中で渡った唐橋の風景を一つ一つ想い起してほしい.

一方,話は話としてそれなりにわかったが,どうして現実大気は図 3-1 のように,たとえば冬半球の緯度 50° 高度 60 km に 60 m/s の西風が吹くのかについての説明が欲しい,という方もおられよう.それについては,巻末のエッセイを読んだ上で各自想いをめぐらせてもらいたい.

### ふたりの師

(1) 私の学部時代からの恩師,正野重方東京大学教授(1911〜69 年)は,1953 年に岩波の雑誌『科学』に載せた「新しい大気大循環論」の中で「物理的には擾乱は大循環の不可欠な要素なのである.したがって大気の擾乱の研究が直ちに大循環の研究ともなるのである」と述べている.当時と現在とでは意味合いに多少の違いはあるが,私自身,過去 30 年間,波動擾乱の研究ひと筋で進んで来たのは,師の影響といえるかも知れない.

(2) $V=D$ の意味，とりわけ中層大気における伝播性重力波の作用の重要性を，世界で最初に指摘したのは，1970年代の後半，当時オックスフォード大学教授のホートン氏（J. T. Houghton）である．彼は英国王立気象学会の会長演説の中で，この問題に鋭い洞察を与えた．ホートン教授は赤外放射理論の大家であり，人工衛星観測のパイオニアでもある．力学理論の専門家ではないはずの彼がこのような指導性を発揮し得るのは，衛星観測により中層大気の実態をよく見つめていたからであろうと推測される．私は1970年代の中葉，オックスフォード大学でホートン教授のもと，衛星観測に基づく中層大気波動の研究に従事する機会を得た．それ故，本書の各所に彼の影響がにじみ出ているはずである．

# 7 赤道大気

## 7-1 赤道と熱帯

　この章では，これまで本書で述べてきた大循環の見方と少し異なった角度から，赤道大気の振舞いの面白さを論ずることにしよう．

　緯度南北 10°ぐらいの範囲を考える．普通，「赤道域」と聞いて真先に思い浮かぶイメージは「熱帯」であろう．事実，地上で見る限り赤道域は地球上で最も気温の高い領域であり，図 1-1 の衛星雲画像に見られるとおり，高い海水温と相まって積雲対流の活発な緯度帯でもある．インドモンスーンとかアフリカの砂漠を連想する人もあろう．

　一方，赤道域の大気の運動（風）について見れば，第 3 章で詳しく述べたとおり，回転（自転）する球体上の流体運動を規定する「角運動量保存則」の帰結として，対流圏ではいわゆる「熱帯貿易風（偏東風）」が年間を通して卓越している．天気の感覚からいえば，昼間の活発な積乱雲に伴うスコールの繰返しがあるとはいえ，中緯度に見られるような，移動性高低気圧の通過に対応した周期的な好天悪天は経験されない．ある意味で，熱帯の天気天候はまことに単調であるといえる．

　しかしながら，赤道大気の振舞いは，天気の感覚をはるかに越えたところで，意外な特徴を現す．

　その最大の根源は，やはり，地球が回転する球体であることに発する．3-4 節で，コリオリの因子 $f$ が緯度 $\varphi$ の関数として，$f = 2\Omega \sin \varphi$ で表されることを示した．この点に着目して中緯度と赤道域とを比べてみれば，$\sin 45° = 0.707$ に対し，$\sin 10° = 0.174$, $\sin 5° = 0.087$ であり，赤道上（$\varphi = 0°$）ではもちろん $f = 0$ である．すなわち，緯度 10°以内では，コリオリの効果は中高緯度に比べ約 1/10 程度かそれ以下にとどまっている．当然，中高緯度

で考えた「地衡風」の概念はそのままでは使えそうにない．

ところが，さらに面白いことに，4-6節で説明したロスビー波の要因であった「コリオリ因子の緯度変化」，つまり $\beta$ 効果は，むしろ赤道上で最大である．したがって，もし赤道域にも大規模な波動（あるいは渦）が存在するならば，それは $f \approx 0$, $\beta \neq 0$ という，中緯度と全く異なった条件に支配された独自の振舞いをすることが期待される．

この章の目的は，このような赤道の特異性が，現実の中層大気の運動の中に見られることを示すことにある．

## 7-2 定常と振動

再び図3-1（32ページ）で赤道域の平均東西風を見ていただこう．対流圏の貿易風はもちろんのこと，中層大気においても夏半球側からの東風が赤道域をおおう形で存在している．この図から，赤道域の風は高さ60 kmくらいまでは「常に」東風であると考えてもよさそうである．この東風は，先に述べた角運動量保存則とよく合致している．

歴史的に見れば，赤道成層圏の風が最初に「観測」されたのは，1883年のジャワ島クラカトア火山の大爆発のときであった．爆発によって吹き上げられた火山灰は成層圏に達して黒く空を覆い，西向きに流されて地球を一周以上した．この事実から，高度約20 km付近の赤道成層圏には，30 m/s程度の一様な東風の卓越していることが知られ，この風は「クラカトア東風」と名づけられた．

一方，今世紀の初頭，同じ赤道域のアフリカビクトリア湖で行われた気球観測結果は不思議なことに赤道成層圏の西風を示すものであった．この風は，観測者の名に因んで「ベルソン西風」と呼ばれている．

この一見相反した観測事実の正体はその後半世紀以上不問に付されたまま放置されていたが，ようやく1960年代に至って驚くべき現象が発見された．それは，赤道成層圏の東西風が時間的に一定ではなく，季節のサイクルよりはるかに長い時間スケールで「振動」していることである．ここでは，その振動を発見した原論文の図の代りに，近年の気球観測資料に基づくシンガポ

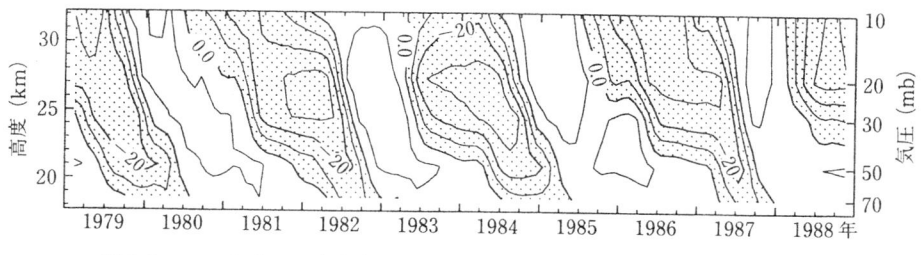

図7-1 シンガポール（1°N）における月平均東西風の10年間にわたる時間高度断面図

単位は m/s. 陰影を施した部分は東風.

ール（1°N）上空の月平均東西風の時間高度断面図を示しておく（図7-1）．この図から直ちに読みとれる特徴は，

(1) 東風と西風が約2年の周期で交替していること
(2) 東風西風とも，まず上層に現れ，時間とともに下方に降りてくること

の二つである．(1)の特徴からは，歴史的なクラカトア東風とベルソン西風とが，誤りでも矛盾でもなく，たまたま，それぞれ振動の東風と西風の時期に観測されたものであろうことが推測される．

図7-1は，1地点における毎日の気球観測値を，ごく簡単な平均操作をしただけのものであり，いってみれば，学部学生の演習問題としても図を出すまでに1週間とはかからない作業である．にもかかわらず，この振動現象が1960年代に入ってはじめて見出されたことは，以下のような意味で，一つの大きな歴史的教訓をわれわれに示している．

本書の議論の筋道を振り返ってみると，大気の大循環の着眼点として，「角運動量バランス」と「熱バランス」との二つを中心に据えて話を進めて来た．その根底には，図2-2や図3-1に代表される，時間（季節）平均としての「定常状態」の存在が暗に仮定されていたことに気がつく．3-8節における「平均とは何か」の議論においても，時間的・空間的に変動する擾乱の存在は認めつつも，結局は，$[\overline{X'Y'}]$という形での作用を，あたかも定常的な量として扱ってきた．

言いかえれば，これまでに，さまざまな物理量のバランスを考えようとするとき，「本来，定常状態は存在するであろうか」という根本的な問題設定

はせずに進んで来た．もう少し厳密にいうなら，あるタイムシリーズデータから，月平均や年平均のような平均値は形式上必ず作ることができる．しかし，問題は，そのようにして作った平均値がどのような意味を持っているか，あるいはその平均値を知って如何なる理解が得られるか，という点にこそある．

この赤道風の場合は，定常状態（平均値）を考えることよりも，振動現象が前節で述べた赤道大気の本質的な特徴の具現であることに注目すべきなのである．

### 再び「平均」に関するコメント

(1) 世に平年値と呼ばれる量がある（たとえば東京における1月の気温の30年平均値）．この数値がしばしば安易に用いられる裏には，本来1月の気温はどの年もほぼ一定であるべきだ，との盲信がひそんではいないであろうか．今年がたまたま平年値より何度か高かったからといって（そのことだけで），異常気象だの温暖化だのと書き立てる愚行に引きずられてはいけない．赤道成層圏の西風を観測したベルソンは，異常気象だと騒ぎ立てたろうか．くどいようだが，「異常」とは「常と異なる」ということであり，その「常」とは何かを理解しない限り，異常という言葉自体意味を持たない．

(2) (1, 0, 1, 0, ……) という無限数列を考えると，これは発散も収束もしない．これはまた，[1−1+1−1+⋯] という無限級数の和と考えることもできる．数学の本には「チェザロの総和（＝1/2）」という話が書いてあるがその意味づけは困難であろう．図3-1の赤道成層圏東風は，まさにこのチェザロの和とよく似ている．

### 7-3　準二年周期振動

図7-1をよく見ると，この東西風の変動は，ほぼ周期的ではあるが，必ずしも横軸の年月とぴったり一致はしていない．過去30年間ぐらいの幅で統計してみると，東風と西風の反復期間は，短いときで22ヵ月，長いときで34ヵ月，全体を単純平均すると約27ヵ月である．この長さは2年（24ヵ月）にほぼ近いという意味で準二年周期振動（英語ではQuasi-Biennial Oscillation，略称QBO）と呼ばれている．地球の公転に関係した1年周期

の自然現象はいくらでもあるが，2年よりやや長い27ヵ月の現象は周期それ自体が不思議である．

しかしながら，より大きな問題点は，1年以上にわたって赤道上に西風が吹き続けていることである．図7-1の特徴はシンガポール1点だけではなく，赤道上の他の地点でもほぼ同じ様相を示すことが確かめられているから，この西風は赤道を取り巻くリング状の流れである．それ故，角運動量保存則と一見矛盾しているように思える．

その難点を打開するために，前章の式(6-7)に関する物理像を思い出してほしい．すなわち，東西風に働く伝播性波動によるストレスの伝達，もっと具体的にいえば，波動による角運動量の運び込み（と置き去り）である．ただし，式(6-7)と違うのは，いま，振動状態を考えているのであるから，定常バランスではなく時間変化が重要であること，および赤道上では $f=0$ であること，の二つである．

すなわち，この場合の運動方程式は，帯状平均した東西風 $\bar{u}$ の時間変化（加速減速）が，波動に伴うストレス（角運動量の収斂発散）によってもたらされることである．具体的に書けば，

$$\frac{\partial \bar{u}}{\partial t} = D \qquad (7\text{-}1)$$

である．

$D$ の中味は，式(6-7)の下に示したように，たとえば $1/\rho \cdot \partial/\partial z(\rho \overline{u'w'})$ のような内容を考えればよい．波動の存在と属性は，前章で論じたとおり，一般に平均流 $\bar{u}(z,t)$ の関数であるはずだから，$D=D(\bar{u})$ とも書ける．

さらに，$\bar{u}$ が高さ $z$ の関数（図7-1），つまり鉛直にシアーを持っているから，$D$ をもたらす波動とは別に，シアーの強さに応じた平均流自身の内部における運動量の再配分も起こり得る．この過程は，一本の鉄棒にムラのある温度分布を与えたとき，熱伝導によって温度が一様化されることと（式の上からも）よく似ている．この物理過程（運動量の拡散 $G = \mu \partial^2 \bar{u}/\partial z^2$）を式(7-1)の右辺に加えてやれば，結局，

$$\frac{\partial \bar{u}}{\partial t} = D(\bar{u}) + G(\bar{u}) \qquad (7\text{-}2)$$

となり，これが図 7-1 に見られる $\bar{u}(z,t)$ を自己規定する単一の支配方程式である．

　火山爆発やシンガポールでの気球観測といった，きわめて即物的な現象論から，一挙に式(7-2)のような抽象的理論に飛躍したので戸惑っている人もあろうが，これもまた，序論で強調した「指導原理」の好例である．すなわち，赤道東西風振動に見られる西風の出現のためには，上式の $D$ をもたらす「赤道波動」が存在するに違いない，との結論に到達したわけである．

> 　長年にわたる統計結果に見られる平均値を，チェザロの和ではなく，あくまでも定常状態と見なそうと考える人は，式(7-2)で時間変化を落した $D(\bar{u})+G(\bar{u})=0$ の解としての $\bar{u}(z)$ を知りたいと思うかも知れない．確かに，$D$ の大きさや $G$ の拡散係数 $\mu$ にある値を便宜的に与えれば，それなりに $D+G=0$ を満たす定常解は得られる．しかし，それは図3-1に見られる実測の平均値とは全く異なっている．これに対し，観測に基づく現実の $D$ や $\mu$ の値を用いる限り，式(7-2)の定常解は出現しない．この事情は，私にいわせれば，気象学という学問の性格が両刃の剣であり，そのきわどい剣先の位置を示しているように思われる．つまり，俗に言ってしまえば，現実の赤道大気は，たまたま，振動解しか現れないような状態にあるのだ，といわば観念する態度と，本来理論的にあってもよいはずの定常解が何故具現しないかを追求する態度とのせめぎ合いである．

## 7-4　赤道波

　赤道成層圏東西風の準二年周期振動（QBO）の運動量を輸送する担い手として，赤道大気中に固有の波動が存在するに違いない，との指導原理に基づいて，実際に気球観測値から赤道波動の検出を最初に試みたのは，1960年代中葉の，東京大学の熱帯気象グループである．図7-2には，柳井迪雄・丸山健人両氏による初期の解析結果の一例を示す．赤道域に東西に並ぶ4地点での高さ約 20 km における日々の風向を十数日分書き並べてみると，北向き成分を持つ風と南向き成分を持つ風とが，まことにきれいに分離され，それぞれが約5日の周期で西向きに進んでいることがわかる．この図を東西に外挿すれば，水平（東西）波長が約 10,000 km であることもわかる．

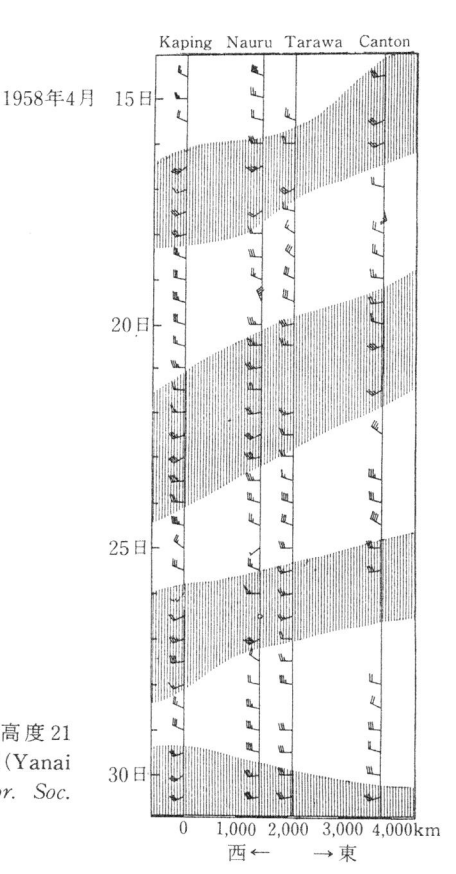

図7-2 赤道域における下部成層圏（高度21 km）の水平風の東西時間断面図（Yanai and Maruyama, 1966：*J. Meteor. Soc. Japan*, **44**（5），293 による）
陰影を施した部分は南風成分を表す．

　この波動（ヤナイ・マルヤマ波）の発見に引き続き，米国ワシントン大学のグループは，同じく赤道成層圏中で，東向きに進む，周期約15日，東西波長40,000 km（赤道一周の長さ）の異種の赤道波（ウォーレス・カウスキー波）を検出することに成功した．

　研究の歴史はまさに一編の小説になり得るほどの興味あるエピソードに散りばめられている．同じ1960年代中葉，場所も同じ東京大学で，松野太郎氏は，QBOとは一応無関係に，純粋に理論的立場から，赤道の特性，つまり $f \approx 0, \beta \neq 0$ の条件の場における波動解を求めた．図7-3には，松野理論による2種類の波動解を示す．左側は「ケルビン波」と呼ばれるもので，風

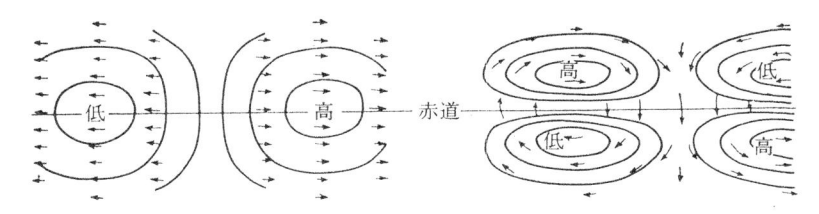

**図 7-3** ケルビン波（左）と混合ロスビー重力波（右）の気圧（実線）と風（矢印）（原図は Matsuno, 1966）
この図は赤道をはさんで南北に 10°ぐらいの幅を描いてある．

の擾乱は東西成分のみ，移動方向は東向き，右側は「混合ロスビー重力波」と呼ばれるもので，西向きに進む．この理論は，上に述べた観測解析の結果とよく対応している．すなわち，ヤナイ・マルヤマ波＝混合ロスビー重力波，ウォーレス・カウスキー波＝ケルビン波，である．

このような観測と理論の合致をもとに，さらに研究が進められた結果，現在では，2種の赤道波の立体構造はもちろんのこと，その作用（運動量流束の強さ）についても観測に基づいて詳しく知られている．一言でまとめれば，ケルビン波は西風を，混合ロスビー重力波は東風を，それぞれ生み出す働きを持っている．

(1) 図 7-3 を見れば，気圧分布と風との関係が，中緯度の高低気圧の場合と非常に異なっていることに気づくであろう．これは，赤道域で $f \approx 0$ のため，地衡風の関係がそのままでは成り立たないからである．図 7-2 の解析が，気圧を使わず風のみに頼っているのも全く同じ理由による．

(2) 赤道波の松野理論については，ここでは方程式はいっさい示さなかったが，詳細は，当人の筆になる『大気科学講座第3巻：成層圏と中間圏の大気』（東京大学出版会）を参照されたい．

(3) 松野理論と柳井・丸山の解析は，ほぼ同時期に，同じ研究室で，しかも互いに独立に成しとげられた．これは世界の気象学の歴史の中でも，特筆に値するほどの不思議でかつすばらしい出来事である．その根底には，当時のこの研究室が「新天地開拓」の旗印を掲げていた点があげられよう．

(4) 柳井迪雄氏（現 UCLA 教授）は熱帯気象学における解析の名人，松野太郎氏（現東京大学教授）は力学理論の大家．この2人の優れた先輩から同時に多くの事柄を直接間接に学ぶことの出来た私は，その幸運なめぐり合わせに今でも心から感謝している．

## 7-5　QBOのメカニズム

　前節で示したような，観測および理論によって裏づけられた2種類の赤道波をもとにして考えよう．これらの波動の成因の詳しいことは現在でもよくわかっていない点が多々あるが，とりあえず，波動が下層大気の積雲活動（これも赤道大気の特徴！）等により励起され，中層大気へ上方伝播することを前提とする．重要なことは，2種類の波が東進・西進という，逆方向の水平位相速度を持っていることである．

　このとき，波の上向き伝播特性と，波に付随する運動量を中層大気中に置き去りにして平均流を変化させること（つまり，波の減衰による $D$ の効果）は，ともに平均流 $\bar{u}$ それ自体の強さによって規定される．6-6節で論じたプラネタリー・ロスビー波の伝播の場合は，最初から山岳による停滞波を考えたのであるから，位相速度は $c=0$ であり，伝播特性を決めるものは平均風速 $\bar{u}$ のみであった．これに対し，赤道波の場合は，東西両方向の位相速度 $\pm c$（$c=$ 一定）を持っているから，伝播および減衰に及ぼす効果は波と流れの相対的な位相速度 $(c-\bar{u})$ の大きさで決まる．その絶対値 $|c-\bar{u}|$ が大きいほど高くまで侵入できて，$D$ の効果はより高いところで現れる．

　平均流が西風（$\bar{u}>0$）のとき，西進波（$c<0$）と東進波（$c>0$）とを比べてみれば，前者のほうが $|c-\bar{u}|$ が大きい．したがって，西進波が上層で効果を現し，上のほうから東風を作りはじめる．

　逆に東風（$\bar{u}<0$）の場合は，東進波（$c>0$）に対する $|c-\bar{u}|$ のほうが大きいから，その効果は上のほうで西風を作り出す．

　結局，どちらの場合も，$\bar{u}(z)$ の分布に応じて，異種の波がより上層に侵入し，そこでの風を逆向きに変えようとする働きが生ずるわけである．このことから，（具体的な計算をスッ飛ばして直観的にいえば）「流れが波を規定し，その波が流れを変える」という「波動－平均流相互作用」の結果，図7-1のように，平均流の変化は上層から先にはじまり，時間とともに下に降りてくること，および東風西風の出現が交互に繰り返されること，のQBOの特徴が理解される．

以上は式(7-2)を「口で解く」ことによるQBOのメカニズムの説明である．赤道波の理論をきちんとふまえて式(7-2)を定量的に解くことは，残念ながら本書の範囲をはるかに越えた仕事である．しかし，せっかく式(7-2)があるのだから，もう少し方程式に則した議論がほしい，という人のためにサービスしよう．

 要点の一つは平均流の鉛直シアーにあるのだから，QBOの風を上層風 $\bar{u}_1$，下層風 $\bar{u}_2$ の二つに分ける．上述のストーリーを式(7-2)に対応させて書けば，まず上層風に関して，

$$\frac{\partial \bar{u}_1}{\partial t} = D_1(\bar{u}_1, \bar{u}_2) + G_1(\bar{u}_1, \bar{u}_2) \tag{7-3}$$

と書ける．$D_1$ は波が下層風 $\bar{u}_2$ をくぐり抜け，かつ上層風 $\bar{u}_1$ の中でつぶれるのだから，$D_1 = D_1(\bar{u}_1, \bar{u}_2)$ である．$G$ のほうは鉛直シアーによる拡散効果だから，当然 $\bar{u}_1$ と $\bar{u}_2$ の両方の関数である．

 一方，下層風に関しては，

$$\frac{\partial \bar{u}_2}{\partial t} = D_2(\bar{u}_2) + G_2(\bar{u}_1, \bar{u}_2) \tag{7-4}$$

と書ける．この場合 $D_2$ は下から来た波がそこでつぶれるのだから上層の風 $\bar{u}_1$ には関係しない．$G$ の形も上と下で少し異なっているはずである．

 ここで，「摂動法」の考えに従って，式(7-3)と式(7-4)とを「線型化」すると，

$$\begin{aligned}\frac{\partial \bar{u}_1}{\partial t} &= a\bar{u}_1 + b\bar{u}_2 \\ \frac{\partial \bar{u}_2}{\partial t} &= c\bar{u}_1 + d\bar{u}_2\end{aligned} \tag{7-5}$$

あるいは行列形で，

$$\frac{\partial}{\partial t}\begin{pmatrix}\bar{u}_1 \\ \bar{u}_2\end{pmatrix} = \begin{pmatrix}a & b \\ c & d\end{pmatrix}\begin{pmatrix}\bar{u}_1 \\ \bar{u}_2\end{pmatrix} \equiv M\begin{pmatrix}\bar{u}_1 \\ \bar{u}_2\end{pmatrix} \tag{7-6}$$

と書けるはずである．この段階では，右辺のマトリックス $M$ の要素 $a, b, c, d$ については何もいえないが，その意味から考えて，これは，波の位相速度 $c$，拡散係数 $\mu$ のほか，波の減衰を決める時定数や，対流圏から入ってくる波の波数や振幅などで決まるべき量である．

もし，式(7-6)の係数行列 $M$ がある条件のもとで純虚数の固有値 $i\sigma$ を持つならば，この平均風 $\bar{u}$ は，

$$\bar{u}_1, \bar{u}_2 \approx \exp(i\sigma t) \tag{7-7}$$

という振動解となる．解 $(\bar{u}_1, \bar{u}_2)$ は一般に複素ベクトルだから，振動は上層と下層で時間の位相差を持つ．これが QBO だ，といっただけではあまりにもペダンティックに過ぎるであろうか．

(1) ここに述べた QBO のメカニズムの前段の説明は，1970 年代の初頭，赤道波の観測事実をふまえて，米国のホルトン（Holton）とリンツェン（Lindzen）によって与えられたものである．後段の簡略化した摂動方程式の扱いは，余田成男博士（京都大学）とホルトン教授による最近の共同研究の結果を，さらに縮約したものである．どちらの研究でも，現実的なパラメターを用いて定量的な数値計算を行い，図 7-1 の QBO の特徴をよく説明することに成功している．

(2) QBO の周期がどうして約 27 ヵ月という奇妙な長さを持っているかについては，前節の終りのコメントに書いたと同様，現実の地球の諸量の組合せの結果，たまたまその長さになっているのだ，としかいまのところ言いようがない．

(3) 式(7-3)，(7-4)を具体的に書けば，これは $\bar{u}_1, \bar{u}_2$ に関する「非線型方程式」である．その意味で，QBO とは，本来，「非線型振動」である．しかし，式(7-5)はその振幅が充分小さいときに「線型振動」の考えで説明できることを示したものである．

## 7-6　半年周期振動

赤道上で QBO が卓越するのは，成層圏の中央部分，高度にして 20～40 km の領域である．それ以高の赤道域中層大気では，また異なった平均東西風の振舞いが見られる（図 7-4）．

すでに再三にわたって強調してきたように，中層大気の一つの特徴は季節進行を伴っていることである．季節を赤道上で見れば，1月は北半球が冬で南半球が夏，7月はその逆，というように，1年間に両半球の夏冬の影響をそれぞれ2回ずつ受けている．もし，南北両半球の季節進行が6ヵ月ずらしの相似形であるならば，赤道上では半年周期（6ヵ月周期）の現象が見られ

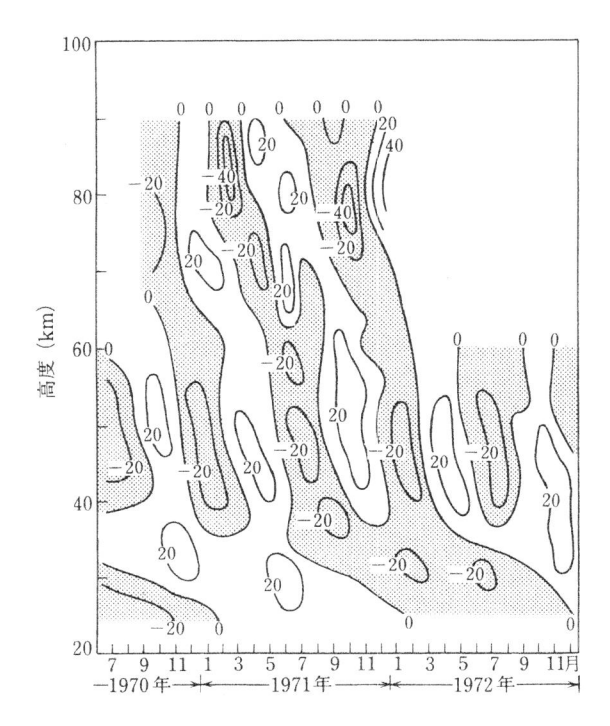

図 7-4 気象ロケット観測に基づくアセンション島（8°S）の月平均東西風の時間高度断面図（原図は Hirota, 1978：*J. Atmos. Sci.*, **35**, 715 より）
陰影を施した部分は東風，単位は m/s．

るのはむしろ当然であろう．

　事実，図 7-4 の赤道域中層大気の平均東西風を見れば，高度 50 km 付近と 80 km 付近に中心を持つ，規則的な 6 ヵ月周期振動の卓越していることがわかる．振幅は QBO よりやや大きめでおよそ 30 m/s．さらにまた，QBO の場合と同様，東西風はともにまず高いところに現れ，時間とともに下方に降りて来ている．この現象を，半年周期振動（Semi-Annual Oscillation），またはその英語の略称で SAO と呼ぶ．

　SAO は，その周期が，地球の公転と直接関係しているため，QBO のようにはバラつかず，正確に 6 ヵ月である．しかし，この点を除けば，SAO はいろいろな点で QBO と類似している．まず第一に，QBO の最大の問題点

であった「赤道上の西風」があげられる．すなわち 7-3 節で論じた角運動量保存則の見地からして，SAO の卓越する高度領域においても，平均東西流の西風加速に寄与する波動の存在することが要請される．

しかしながら，この高度領域には通常の気球は到達しないので，QBO に対応した柳井・丸山やウォーレス・カウスキーのような毎日のデータを用いた解析は困難であった．図 7-4 のもとになっている気象ロケット観測の頻度は多いときでも 1 ヵ月に 10 回に満たない．

一方，前節で述べた QBO のメカニズムを思い出してみると，ケルビン波は確かに東風を西風に変える作用を持っているが，その東進位相速度は $40,000 \mathrm{~km}/15$ 日 $\approx 30 \mathrm{~m/s}$ 程度（かそれ以下）であり，QBO の振幅に近いので，ほとんどが QBO の高度範囲内でつぶれてしまい，それ以高には伝播できない．

結局，SAO の西風生成に寄与するケルビン波がもしあるとすれば，それは QBO の風速よりはるかに大きな位相速度を持った（つまり周期の短い）ものでなければならないことが推論される．この考えに基づき，単発的なロケット観測データを統計処理した結果，確かに $40 \mathrm{~km}$ 以高では，周期が 1 週間程度の高速ケルビン波が卓越し，しかもその活動度が SAO によく対応していることが明らかにされた．最近では，人工衛星からの精度のよい観測によって，この高速ケルビン波の存在が詳しく確認されている．

SAO の東風生成については，やはり上と同じ理由で混合ロスビー重力波の寄与は期待できない．その代り，図 3-1 から直観的に理解されるとおり，夏半球中緯度の風系が赤道域に年 2 回「侵入」することによって東風を生み出していると解釈される．

以上を要約すれば，SAO もまた，QBO と同様，「平均流が波の伝播を規定し，その波の作用が平均流の変化をもたらす」という意味での「波動 - 平均流相互作用」の典型例であるといえる．

> 上部中間圏における SAO のメカニズムについては，まだ不明の点が多々残されている．$80 \mathrm{~km}$ 付近の高度では，ケルビン波も確かに検出されてはいるが，むしろ重力波による平均流加速減速の効果のほうが重要ではないか，と考えている研究者もいる．しかし，赤道域における中層大気重力波の観測

図 7-5　インドネシアのスマトラ島（赤道直下）に建設予定の超大型レーダーの完成予想図（京都大学超高層電波研究センターによる）

的研究は，現在のところきわめて乏しい．この研究テーマは1990年代の最も興味あるものの一つであろう．京都大学の超高層電波研究センターでは，インドネシアの赤道直下に超大型のVHFレーダーを建設する計画を進めている（図7-5）．

### 7-7　まとめ

本章で述べた赤道中層大気の面白さは，二つの側面を持っている．その一つはQBOやSAO，あるいは赤道波の振舞いに見られる大気現象それ自体としての独自性に対する興味である．確かにそれらは，日本付近の天気図だけを通して感じとっていた中緯度の気象の常識とは全く異なった様相を示している．あたかもそれは，かつて，ダーウィンらがオーストラリアでカンガルーやカモノハシなどの珍しい動物に出会ったときの驚きとも似ていよう．

一方，大気力学理論の立場からは，角運動量保存則の要請に端を発し，$f=0$，$\beta\neq0$ の枠組の中で赤道波の特性を記述し，さらにその作用を抽象化することによって「波動－平均流相互作用」あるいは「非線型振動」という普遍的な物理概念にまで到達することができた．一見複雑な大気現象を，このような極度に抽象化された美しい姿にまで昇華させ得たこと自体，赤道中層大気の持つ本質によるものであり，それはまた，本章を独立した一つの題材として取り上げた理由でもあった．

　この二つの側面は，本書で一貫して主張してきた，自然現象とその理解，そしてその奥にひそむ観測と理論の意義づけに関し，多くの示唆を含んでいるように思われる．すなわち，波動－平均流相互作用論とは，決して微分方程式だけの数学的世界から思弁的に生まれて来たものではない．それは，観測によって明らかにされた QBO という自然現象の不思議な美しさに啓発されて，そのメカニズムを説明しようとする努力の成果として生まれてきたものなのである．その架け橋となるものこそ，日々の風や気温といった素朴なデータの中から，現象の特性を誤たず抽出する，本当の意味での観測の価値にほかならない．

　地球大気は，われわれの未だ知り得ていない奥行きをたくさん秘めているはずである．それ故に，大気科学構築の道のりは今後も新しく伸びていくであろう．

## 付 気象学にとってモデルとは何か
──巻末エッセイ

　ここまで本書をお読みいただいて，その中に「モデル」という言葉が一度も使われていないことに気がつかれたであろうか．大循環に関するテキストは，ほとんどといってよいくらい，その最終章を大循環の数値モデルに当てている．いや，大循環に限らず，台風モデル，低気圧モデル，数値予報モデル，気候モデルと，気象学はいまやモデルの花盛りの感がある．だが，本当に，「モデル」とは一体何なのだろうか．それは気象学にとって如何なる意義を有しているのであろうか．

　この小論は，1986年8月に気象庁で開催された国際数値予報シンポジウムにおける招待講演の内容を下敷きにして，そのときの拙い英語では語り尽せなかった想いのたけを，芸術と科学との対比論の形で述べようとするものである．

### 1　モナ・リザとそのモデル

　たとえ美術にはあまり興味がなくとも，モナ・リザの絵を知らぬ人はあるまい．ルーブル博物館の中央に展示されているレオナルド・ダ・ヴィンチのこの作品は，やはり世界の名作の名に恥じない．いまさら何の解説もいらないほど，いつ観てもその魅力は尽きない．

　通説によれば，この絵は16世紀初頭のイタリアの貴族，フランチェスコ・デル・ジョコンド氏の夫人，リザ・ジョコンダをモデルにして描かれたものであるという．題名の「モナ・リザ」とはイタリア語で貴婦人を呼ぶときの敬称「リザさま」くらいの意味である．

　題名に現実の人名がつけられてはいるが，この絵は，たとえばプリュードンの「ジョセフィーヌの肖像」やブーシェの「ド・ポンパドゥール夫人」のような意味での「肖像画」とは明らかに異なっている．それは，当のジョコンド夫人が歴史上さして有名というほどの人物ではないことのみならず，この絵が，かりにモデルの誰であるかを知らなくても，独立した一つの美術作品として立派に存在を主張し得るからである．

図 A-1 「モナ・リザ」

　想像するに，ジョコンド夫人は確かに教養のある美しい気品を備えていた女性であったろう．それ故に，レオナルドは，彼女に黒衣をまとわせたり，腕を組ませたり，あるいは不思議な遠景を配置させたりの作意を加えつつ，生身の人間の持つ魅力を最大限に引き出してそれを一枚の絵「モナ・リザ」として描き上げたのである．いいかえれば，この「作品」は「実在のモデル」があってこそはじめて生まれたものなのである．

　実在の人物をモデルとした創作作品はひとり絵画に限らず文学の世界にもしばしば見られる．身近なところでは，コナン・ドイルのシャーロック・ホームズは，医学生ドイルの恩師であったエジンバラ大学教授ベル博士の鋭い推理力をモデルにしたものであったというし，『我輩は猫である』に出て来る寒月先生は，漱石の俳諧の弟子でもあった寺田寅彦がそのモデルである．

　このように，芸術の世界におけるモデルとは，ある明瞭な特徴を持った実在の人物（場合によっては事件）に啓発され，それを強い動機として作者の

理念・情念を昇華させた創作作品を生み出させるところにこそ，その意義があるといえる．

## 2　写実とは何か

モナ・リザは普通の意味での肖像画ではない，と言った．何故なら，古くからの肖像画の目的は，対象となる人物の姿かたちを，可能な限り正確に再現することを旨としていたからである．その意味では風景画もまた同じカテゴリーに属するといえるかも知れない．カメラなどという便利な道具がまだ発明されていなかった時代においては，このような目的に絵画という手段が用いられたのは，むしろ当然のことであったろう．そのような肖像画においては，作者や作風などは二の次であり，そこに描かれている人物そのものが関心の的であった．そのことを端的に示す事柄として，中世のヨーロッパの王侯貴族たちは，各国皇室間の縁組みの際に，婦人の肖像画を現代でいうお見合写真と全く同じ目的で用いていたという事実をあげることができる．たとえば，いまロンドンのナショナルギャラリーに展示されている，ホルバインの「デンマーク王女クリスチーナ」の肖像は彼女が当時のイギリス国王ヘンリー八世の何人目かの王妃の候補となったときのお見合い用に描かれたものである．ホルバインは画家として美術史に名を残す大家ではあるが，この場合の主役は，やはり画家や絵のほうではなく，あくまでも王女その人である．つまり，そこにおいては，モデルという意味合いは薄く，モナ・リザとジョコンド夫人との関係とは明らかに異なっている．

いまカメラを引き合いに出したが，考えてみれば「写真」とはまことに奇妙な言葉に思える．原語の"photograph"を「光画」と直訳せず「写真」と名づけたのは"telephone"を「遠音」とせず「電話」と訳したこと以上に名訳といえよう．対象物の構図や光源やシャッター速度などを意図的に操作する，いわゆる芸術写真は別として，通常の写真とは，まさに「真を（ありのままに）写す」ものなのである．

同じ意味で，画家の修練の一方法として，現在でも「模写」という作業が行われているのは，はなはだ興味深い．混雑した日本の美術館では考えられないことだが，ルーブルあたりでは，現在でも名画の前に自分のカンバスを

立て熱心に模写をしている若い画学生の姿を見かける．彼等にとって，これはもちろん，大画家の筆使い・色使いの技法の秘密を盗みとる勉強法なのであろうが，同時にそれは，腕にカメラと同じ能力を植えつけるトレーニングでもあろう．私の立場から見れば，それは，科学論文によく用いられる偏微分方程式をマスターするために，物理数学の演習問題を解く訓練をすることによく似ているとさえ映る（本書の各章で，方程式を用いたとき，それを数学とは言わずあえて「算術」と呼んだのはそのような意識が根底にあったからである）．

これに対し，19世紀中葉のフランス絵画に現れた「写実主義」は，それまでの宮廷画家達が肖像画を描いていたような「カメラに相当する技術をふるう」こととは全く異なる理念に基づくものであった．たとえばクールベの代表作の一つ「オルナンの埋葬」は，一見平凡な田舎の葬式の風景を描いたものにすぎない．そこには名のある人物も，宮廷風の豪奢な衣装も見られない．しかし，その対象は間違いなく生身の人間の生活——もっと大袈裟にいえば人生——という重みのある「自然現象」なのである．同様に，クールベの流れを汲むバルビゾン派の画家コローの名作「真珠の女」は，それ以前の新古典主義やロマン主義の影響を強く反映してはいるものの，その目的とするところは間違いなく現実の対象物（モデル）を描く際の自己理念の表現である．要するに，写実とは，その真の姿を写しとるに足るだけの価値を描く側に抱かせたとき，その対象物がモデルとしての意義を持つ，そういう作業なのである．コローの場合，モデルが無名の女性であることがそのことを如実に物語っている．その意味で，フランス写実主義の思想は，モナ・リザを描こうと思い立ったレオナルドの動機と相通ずるところがあると言えよう．実を言えば（御存知の方もあろうが）「真珠の女」は「コローのモナ・リザ」と呼ばれているのである．その意味は，決して単なる構図の類似性にとどまるものではない．

ここで一挙に話を手前に引き寄せるなら，本書の序論の中で測定と観測とを峻別して考えたことが，クールベにはじまる写実主義の理念とある意味できわめてよく似ていることに思い至るはずである．すなわち，気温とか雲量とかの数値を精確に測定することと本当の観測とは違う．対象たる自然現象

図 A-2　真珠の女

をありのままの姿でとらえるというのは人工衛星に搭載したカメラ（測器）の仕事であり，そのデータの中から何を抽出しどう表現するか，ということこそ，絵を描くことと同列の，観測の意義なのである．これをひと言で，"Nature vs. Art" という図式に置き換えることにすれば，気象学においては，本来，大気現象そのものがモデルなのだ，と言いきって差支えないであろう．

### ③ 気象学におけるモデル

ところが，実際には，気象学に限らず，自然科学全般において，「モデル」という概念が美術におけるそれとはかなり異なった形で用いられている．

実例として，いわゆる大気大循環モデル（General Circulation Model, 略称 GCM）について考えてみよう．一口に言って，これは大気現象を支配する諸々の法測（運動方程式，熱力学方程式等）を用いて，ある初期状態から出発したときの時間経過を数値解法によって追いかけ，その解によって表

された状態をもって大気現象の再現と見なそうとする試みである．

歴史的には，すでに 19 世紀の終りにオーベルベックがこのような方法によって大気大循環の研究を進めようとしたが，計算機のなかった時代に具体的な大量の計算を実行することは不可能であった．第二次大戦後の電子計算機の発達に呼応して，MIT のフィリップスは，1956 年に，大気の傾圧性を表現するための必要最小限の要請である 2 層の数値モデルを構成し，それを数週間先まで数値積分して，中緯度偏西風帯の中に移動性高低気圧（傾圧不安定波）が発生発達する有様を示すことに成功した．

だが，厳しい言い方をするなら，彼の試みが「成功」だったと評価される所以は，すでに 1940 年代の観測・解析およびそれをふまえた傾圧不安定理論によってその実態とメカニズムが一応知られていた高低気圧波動の特性を，計算機でも表現できる技術を確立した点にのみある．彼の数値モデルによって波動の特性について何か新しいことが発見された訳ではない．

それでも，このフィリップスの大循環モデルを嚆矢として，現在に至るまで，精緻をきわめた GCM が次々と作られている．領域は地球全体，層は多層で対流圏から下部熱圏まで，取り扱う内容も，地形や海洋の効果，大気組成に応じた放射過程，水蒸気の相変化（雲，雨）等々，正直なところ，私にもその詳細はうかがい知れないほどの発達ぶりである．

このようなモデルによる数値計算結果を，観測値の統計解析と同様に，季節平均や帯状平均をしてみれば，確かに実測の大循環とかなりよく一致したものが得られている（図 A-3）．その一致がよければよいほど，そのモデルは優れたモデルであるとの評価を受ける．

もう一度整理してみると，気象学におけるモデルの代表である GCM とは，種々の支配法則および具体的な境界条件を計算機コードで記述する（複雑で大がかりな）一組の方程式系なのである．

### 4 GCM はモデルか

しかしながら，ここに掲げた GCM の図を見ていると，何か不思議な気がしてくる．そもそも，モデル計算の結果を実測の統計値と比べてみるとはどういう意味のあることなのであろうか．GCM のこのやり方を，先に述べた

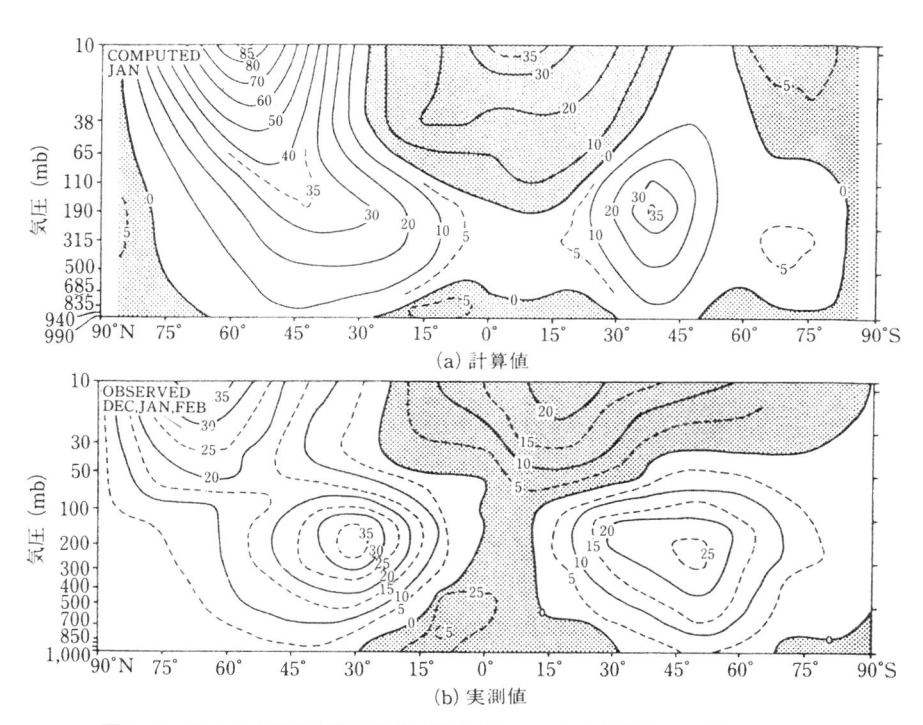

**図 A-3** アメリカ地球流体研究所（GFDL）における GCM の一例（S. Mannabe and J. D. Mahlman, 1976：*J. Atmos. Sci.*, **33** (11), 2191 より）

絵画の例に引き比べてみると，これは描き上げた作品モナ・リザを，後日，当のジョコンド夫人に見せて，よく似ているでしょう，この絵があなたのモデルです，と言っていることに相当する．もし本当にそっくり似ていれば，レオナルドの絵師としての腕前はほめられよう．しかし，それは芸術作品を生み出したという評価とは違う．そして，そこにはもはや，(どちらの意味でも) モデルの意義すら存在しない．そのような絵は，無名の（腕達者な）宮廷絵師が描いたお見合用肖像画と何ら変わらない．現代ではカメラ（カラー写真）が立派にその役目を果している．つまり，気象学の場合，GCM と大型計算機は，ハイテクカメラと良質印画紙程度の意味しか持っていない．図の配列が，計算結果を上に，実測値を下に並べてあるところから見ても，この GCM を操作した人物は計算の腕前は達者だが芸術理念（科学哲学）は

完全に欠落している,と言わざるを得ない.

これが酷評に過ぎることは,もちろん百も承知の上である.当然囂々たる反論の声があがることも十分予想できる.そこで先手を取って二とおりの議論の展開を試みよう.その一つはモデルという言葉(概念)を拡張して定義をし直すことであり,もう一つは,もはやモデルという言葉にはとらわれず,GCMによる大循環研究の長所を(もしあればだが)最大限に発掘する努力をすることである.

### 5 モデルのいろいろ

そもそも言葉として"model"が意味するところを知るために,たとえばオックスフォード辞典を開いてみると,いろいろ具体的な例が8項目に分けて記載してある.多少の重複もあるので,それらをいま,便宜上,次の4とおりに分類してみよう.

(1) 絵画のモデル,小説の登場人物のモデル.いずれも実在の人間.
(2) 型,見本,手本としてのモデル.たとえば自動車のニューモデル,ファッションモデル,モデルハウスなど.
(3) 実物の小型模型や模造品.たとえばジャンボジェット機のプラモデル,モデルガンなど.
(4) 生き写し,瓜二つの類.たとえば(俗な例であるが)貴花田の相撲を見ると往年の名大関貴ノ花が目に浮かぶといった類.ただし,日本語でこれをモデルと呼ぶことはまずない.

研究社の英和辞典では,もっと端的に,〔(実物または作ろうとする物の)模型〕(小カッコは原文)と記されている.その意味で,GCMは確かに(1)のモデルではないが,実物(現実大気)の模型としてのモデルであることを主張しようと考える人が居てもそれなりにおかしくはない.だが,その場合,上記の分類の(2)〜(4)のいずれに相当するのであろうか.

モデルの意義を「それによって何か新しいものが生み出される」ところに見出そうとするならば,(3)と(4)とは生産的であり得ないから,残るは(2)ということになる.事実,自動車メーカーも,ファッションデザイナーも,素材や色彩やパターンをいろいろ変えてみて,機能性や美観のより優れたも

のを作り出し，それを商品化・実用化しようと努力している点において，それぞれのモデルを活用することは生産的であると評価できよう．それと同列の次元で GCM のメリットを探してみると何が見えてくるであろうか．

## 6 再現・予測・実験

先ほどの図に見られるとおり，現在の大がかりな GCM は，観測的に知られている大循環の実態および特徴をかなりよく再現することに成功してはいる．それを為し得るようになった技術（計算機のハードおよびソフト）は文句なしに素晴らしい．だが，それだけで手放しに喜んでいるわけにはいくまい．自然科学の立場から見て，現象の再現（Simulation）とは一体如何なる意味を持つものなのであるか，真剣に考えてみる必要がある．

この問題の出発点は，GCM に対する冷淡な批評「まともな法則を正確に計算させたのだから，結果が合って当り前だ」というところにある．これを，もう少し好意的に言い直せば，「数値シミュレーションの成功は，用いた方程式（法則）や仮定条件の正当性を証明したことになる」．確かにそのとおりである．そしてその際決して忘れてはならないのは，シミュレーションの成功とは，現象そのものの特徴が事前によく知られている，という事実を前提としていることである．

ここで，一見唐突ではあるが，ニュートン力学の成立の歴史的事情を思い出してみよう．万有引力の逆二乗則とは，決して先験的に与えられたものではない．太陽と個々の惑星との間に作用する力学法則は，各惑星の軌道運動という形態（現象）をとって現れる．ニュートンは，ティコ・ブラーエの観測およびそれに基づくケプラーの経験則（統計的事実）を拠りどころにして，引力が物体間の距離の二乗に反比例するとするならばケプラーの三法則がうまく説明できる，ということを示したのである（もしかしたら，ニュートンは，引力が距離の 1 乗や 3 乗の場合も計算してみて，それではうまくいかぬことを確かめていたかもしれない）．この歴史的事情の最大の教訓は，ニュートンの天才的洞察力もさることながら，「法則の正当性は常に観測事実（およびそこから導かれる論理的帰結）によってのみ保証される」という点にある．

その意味で，GCMを用いた大循環研究の意義の第一は，観測事実を再現する過程において，大気複合過程に含まれる未知の支配法則（たとえば温度と雲の熱過程との関係式）を試行錯誤的に確認することである．すでに確認ずみの式のみを使って再現の成功を喜んでみても意味はない．むしろ，最初は，実測と合わないところから出発して，どの部分の理解が不足なのかの問題提起をすることのほうがはるかに生産的である．

　しかし，これは言うは易く行うに難い作業でもある．最も悪い例は，本来定量的に一致するはずのない方式（たとえば大気を2層だけで表すようなこと）で無理に実測値と合わせようとして，物理的裏づけのないまま方程式の係数をあれこれ変えてみたりすることである（私は実際，気象学会の発表でこのような愚行を見て怒鳴りつけたことがある）．

　GCMの第二の意義は，それを予測の手段として用いることである．GCMを構成している方程式は，基本的に種々の物理量に関する時間変化を表すものであるから，ある初期状態から出発して，1日先，1ヵ月先，1年先の大気状態を時間とともに追跡することができる．事実，現在の天気予報（数値予報）はこのことの具体的実用例である．

　しかしながら，天気予報の場合は（精度は別として）とにかく当たればそれでよしとする実際的価値を持ち得るが，研究手段としてのGCMは，単に予測が当っただけでは，上に述べた再現性の意味づけの枠を出ることはない．おそらく，あらゆる分野の中で，現在，予測の最も信頼できるのは，天体力学に基づく日食や月食の予測であろう．今なら1000年先の日食の日時を1秒以内の精確さで言い当てることができるはずである．それは何らかの意味で役に立つことではあろうが，物理学の進展に寄与するところは必ずしも大きいとは言えない．

　私の大学院時代の恩師，都田菊郎博士（現在プリンストン大学地球流体力学研究所教授）もGCMを用いた予測の研究の専門家であるが，東京大学時代から，常々，「予測ができない事柄は理解したとは言えない」という趣旨のことを強調しておられた．確かにそのとおりであろう．しかしそれは，予測が理解の必要条件ではあっても，逆に十分条件であることとは違う．

　予測の議論でさらに難しいのは，その当否を確認できない領域（時間・空

間・状況）に踏み込もうとするときである．天気予報のような場合には，日々その予測の当否の検定が行われるが，たとえば数十年，数百年先の気候予測などを試みようとする場合，これは深刻な問題となる（だからこそ気候予測は重要なのだ，などというのは自然科学ではなく社会学の発想である）．何故深刻かといえば，GCMを使ってそれを行おうとするとき，その道具立ての正当性の裏づけは，現在の大循環の観測結果のみによって与えられているからである．その中には，運動方程式などのようにその原理がまず間違いなく確認されているものばかりとは限らず，雲や雪氷に関する諸量の決定には，依然として（現状だけにしか当てはまらないかも知れないような）いくつかの経験則が含まれている．このようなGCMを使って未来予測を試みた結果，もし現在の気候とかなり異なった状況が出現するとなったとしたら，それは同時にその正当性の裏づけを失ったことになる，という論理的に皮肉な状況を露呈する．それ故に，21世紀の気候予測などという試みは，社会的要請はあっても，学問的意義の不明な行為であるとしか言いようがない．これもまた，哲学の欠如した悪しき例である．

　要するに，GCMの持つ予測という側面は，具体的に現在とか未来とかいう時間軸上の問題ではなく，あくまでも，自然法則の理解を目的としたシミュレーション作業の中に位置づけられるべきである．

　GCMにもし救いがあるとすれば，それはむしろ「実験」としての側面であろう．実験室内で，温度や圧力等を自由に設定して，流体や固体の物性や振舞いを調べる物理実験と同様な発想で，方程式系や境界条件等の組み合わせを選定していろいろな場合の数値計算を実行し，結果の比較を通して大気の振舞いについての理解を深めていこうとする「数値実験」は，確かに生産性のある営みといえる．

　しかしながら，対象とする現象の本質を鋭く切り出すための実験の価値と，その仕掛けが大がかりであるか否かということとは本来直接関係がない．むしろ，大気科学において，これまで数値実験として優れた成果を挙げた事例には，GCMよりはるかにシンプルなものが圧倒的に多い．考えてみれば，ニュートンの勝利は，その力学の本質を，太陽対惑星という，最も簡単な「二体問題」の中に見出したことに負っている．そして，その議論の進展の

有様は，もはやモデルという概念からは遠くはなれ，まさに理論そのものなのであることに気がつく．

　結局，大気大循環の研究における GCM の意義と効用は，それをモデルと呼ぶか否かの問題ではなく，大がかりでかつ定量的な扱いの可能な方程式の数値解の中から，観測的に知られている現象のメカニズムについての新しい知見が与えられるか否か，の一点にかかっている．GCM でなければ得られないような新しい認識がもし本当に得られたとしたら，それは素晴らしいことである．残念ながら，現在までのところ，その名に価するものはまだ十分に得られているとは必ずしも言い難いが，期待を持って見守りたいと思う．

　繰り返していえば，方程式系がモデルなのではない．まして，そのようなモデルを作ることだけを目的とするような研究は全く意味をなさない．モデルとは，それによって如何なる優れた作品が生み出されるかという観点から価値づけられるものであることは，この小論の美術作品の例で述べたとおりである．そして，作品とは，何々主義という枠組みを超越して，まさにそれぞれの作者がこころの中に抱く理念の表現にほかならない．

　つきつめるところ，芸術も科学も"Nature vs. Art"という図式においては共通である．自然現象をモデルとして，その特性を読みとり，支配法則を方程式の形で記述し理解を深める努力は，レオナルドがモデルの神秘的なほほえみの中に人間の本質を見出し，それを絵筆によってカンバスの上に表現したことと全く同じである．芸術家の感性に相当するものを，われわれの世界では科学的洞察と呼ぶ．

# 参考文献

　本書では個々の原論文の引用は示さないが，より進んだ勉強を望む人は，以下にあげるテキストを読んでから，必要に応じて専門分野の扉を開いてほしい．

　本書前半の熱収支の議論の基礎となる放射の諸問題に関しては，
　　会田　勝『大気と放射過程』（東京堂出版）
　　ホートン『大気物理学』（廣田　勇・会田　勝訳，みすず書房）
が詳しい．

　大気の力学法則に関するさまざまな方程式の導出を，その物理的意味づけとともにきちんと学ぶには，
　　小倉義光『気象力学通論』（東京大学出版会）
が適している．

　大循環そのものを表題に含む日本語テキストはいくつかあるが，ここでは，
　　岸保勘三郎・田中正之・時岡達志『大気の大循環』（東京大学出版会，大気科学講座第 4 巻）
をあげておく．この大気科学講座は，学部上級から大学院レベルを想定して書かれたものであり，特に，
　　松野太郎・島崎達夫『成層圏と中間圏の大気』（同第 3 巻）
は放射と力学の両面から中層大気を本格的に扱った好テキストである．

　中層大気に関しては，このほか，入門書と専門書の中間に位置してかつ独自の色合いを持つ
　　木田秀次『高層の大気』（東京堂出版）
がある．

## おわりに

　この頁を開いている人は，本書を通読してくださった人と思う．どんな感想を持たれたであろうか．傲岸不遜の謗りを承知の上であえて御返事申し上げる．

- さっぱり面白くなかったという人へ
　　あなたは本の選択を誤られた．とにかく読んでいただいたことに感謝します．
- 1時間足らずでサラサラと読了された方へ
　　この本を書くのに，実働時間で150時間はたっぷりと費しました．せめてその十分の一の時間でよいから再読してください．
- 構成や各部分の詳細に批判や不満をお持ちの方へ
　　本書をはるかにしのぐ名著をお書きください．
- 気分転換に書いた譬え話や雑談の部分が楽しかったという人へ
　　おいしいコーヒーを用意してあります．いつでも気楽にお立ち寄りください．
- 著者の意図や主張に共鳴してくださった方へ
　　近々是非御一緒に一献傾けましょう．本書の印税でおごります．
- 難しい部分も多々あったがとにかく気象学とはこんなに面白いものであったか，と感激してくれた若い人へ
　　是非私の講義を聞きに来て大いに質疑討論をしてください．その上，研究室の一員になってくれたら大歓迎です．

# 索引

## ア行

亜熱帯ジェット　31
アルビード　16, 19, 25
安定性　91
位相　53, 73
　──速度　53, 75
緯度分布　11
移流　74
因果関係　25, 29
ウィーンの変位則　18
ウォーレス・カウスキー波　121
渦　59
渦度　59
　──の保存　60, 99
運動量輸送　79, 80
遠隔測定　90
遠隔伝達　78, 92
遠心力　38
鉛直群速度　77
鉛直伝播　74, 98
オゾン層　92
温室効果　19, 23, 24
温度傾度　14
温度風　42, 109
　──の関係式　43
　──バランス　43, 109
温度分布　11

## カ行

外部重力波　54, 63
角運動量　7, 32, 34, 37
　──の収支　8, 31
　──の輸送　47, 79, 85
　──バランス　79
　──保存則　32, 115, 119, 127
可視光線　18
ガリレイ変換　59
慣性周期　65
慣性重力波　65, 103
慣性振動　56
観測　2
寒冷化説　26
気圧傾度力　39
気候予測　141
気象衛星　14
気象ロケット　90, 103, 127
季節進行　14, 93, 125
気体定数　35
逆循環　83
強制波　78
強制力　63, 91
強制ロスビー波　66, 99, 102, 106
極軌道衛星　91
極夜ジェット　31, 44
クラカトア火山　55, 116
クラカトア東風　116
群速度　73, 75, 103
傾圧不安定　72
　──波　81, 85, 87, 102
傾斜対流　84
ケルビンの循環定理　60
ケルビン波　121, 122, 127
　高速──　127

145

高低気圧　69
　——波動　97
高度分布　14
国際地球観測年　90
黒体放射　17
コリオリ因子　37,58,115
　——の緯度変化　59,65,116
コリオリトルク　110
コリオリ力（コリオリの力）　3,37,
　56,109
混合ロスビー重力波　122,127

## サ行

山岳波　65,75,104
3細胞説　83
時間平均　12,45
軸対称運動　32
子午面循環　33,79,83,106,108,111
質量保存　110
周期　52
自由波　66
重力　34
　——波　55,65,75,103
収斂発散　54,56
準二年周期振動　118
状態方程式　35,42
擾乱　8,47,49
振動　51
　——数　51
　——方程式　57,58
振幅　52
数値実験　141
数値シミュレーション　139
数値モデル　131
スケールハイト　36,55,100
ステファン・ボルツマン定数　18

ステファン・ボルツマンの法則　18
ストレス　78,102,119
静止衛星　5,90
静水圧の方程式　35
成層圏　14,31,89
西風ジェット　85
　——の成因論　86
静力学の関係　100
静力学平衡　90,95
　——の式　35,42
赤外放射　6,107
赤道成層圏　33,116
赤道大気　115
赤道波　120,123
絶対渦度　61
絶対静止座標系　7
摂動　26
　——法　50,70,87,124
測定　2

## タ行

大気大循環　4
　——モデル　135
大気潮汐　67,92
帯状平均　13,45
　——東西風　95
太陽定数　16
太陽放射　16,110
対流　64,70,109
　——圏　14,89
楕円軌道　94
単振動　52
断熱温度変化　100
断熱加熱冷却作用　111
断熱冷却　55
　——作用　106

短波放射　　18, 23, 29
チェザロの総和　　118
地球放射　　18
地衡風　　39, 95, 109
地衡流　　41
地表温度　　24
中間圏　　14, 31, 89
中層大気　　89, 116
長波放射　　18, 23, 29
月平均　　45
津波　　55, 63
定圧比熱　　55
定常状態　　117
定常波　　76
定常ロスビー波　　81
定積比熱　　55
停滞性ロスビー波　　79
電磁波　　17
伝播　　73
電離圏　　89
突然昇温現象　　98

## ナ行

波　　50
南極オゾンホール　　92
南北温度傾度　　69
南北温度差　　28
西向きドリフト　　61
ニンバス5号　　93
熱エネルギーバランス　　7
熱圏　　89
熱収支　　7, 28
熱帯貿易風　　31, 115
熱対流　　64
熱潮汐　　68
熱伝導　　74

熱バランス　　11
熱放射　　17
熱輸送　　81, 85
　──量　　46
熱力学の法則　　55

## ハ行

波数　　51
波長　　52
発達率　　71
波動　　53
　──の伝播　　92
　──方程式　　53
波動-平均流相互作用　　123, 127
ハドレー循環　　33, 48, 82, 84, 110
反射能　　16
半年周期　　14
　──振動　　125, 126
非加速定理　　106
非線型振動　　125
不安定性　　63, 107
不安定理論　　70
フィルター　　45
復元力　　53
複合過程　　4, 9, 88
フーコーの振子　　41
プラネタリー波　　63, 97
プラネタリー・ロスビー波　　63, 103
プランク定数　　18
プランクの法則　　17
ブランデスの天気図　　2
ブラント周期　　65
ブラント振動　　76
　──数　　55, 100
フーリエ展開　　53, 54
浮力　　76

分光測定　　90
分散関係式　　57
分散性　　75
平均子午面循環　　109
平均東西風　　109
平衡状態　　16, 29
ベータ($\beta$)効果　　65, 99, 102, 116
ベルソン西風　　116
ヘルムホルツの渦定理　　60
偏差(ずれ)　　46
偏西風　　7, 51
偏東風　　7
ボイル・シャールの法則　　35
放射エネルギー　　15, 16
放射伝達方程式　　23
放射平衡　　21, 111
　——温度　　19, 26
ポテンシャル渦度　　66
ボルツマン定数　　18

### マ行

摩擦力　　41
松野理論　　122
見かけの力　　38
密度成層　　55
モデル　　131

### ヤ行

ヤナイ・マルヤマ波　　121

### ラ行

ラプラスの潮汐方程式　　68
リモートセンシング　　90
流束　　74
　——の発散　　107
理論　　3

レーダー観測　　91
ロスビー波　　58, 59, 97

### ワ行

惑星渦度　　61, 99

### アルファベット

CIRA　　14
meteor　　1
MUレーダー　　77, 91
QBO　　118, 123
SAO　　126

### 著者略歴

1937年　北海道生れ
1961年　東京大学理学部物理学科地球物理学課程卒業
1966年　東京大学大学院博士課程修了
　　　　東京大学理学部助手
1970～71年　米国大気科学研究センター客員研究員
1972年　気象庁気象研究所主任研究官
1975～76年　英国オックスフォード大学客員研究員
1983～2001年　京都大学大学院理学研究科教授
現　在　京都大学名誉教授，理学博士

### 主要著書

『大気大循環と気候』(1981年，UPアースサイエンス，東京大学出版会)
『地球をめぐる風』(1983年，中公新書，中央公論社)
『気象解析学』(1999年，東京大学出版会)
『気象の遠近法』(1999年，成山堂書店)
『気象のことば　科学のこころ』(2007年，成山堂書店)

---

グローバル気象学　気象の教室 1

---

　　　　　1992年 2 月20日　初　版
　　　　　2000年 6 月20日　第 4 刷

　　　［検印廃止］

　　　　　　ひろた　　いさむ
著　者　　廣田　勇

発行所　　財団法人　東京大学出版会

　　　代 表 者　河野通方
　　　113-8654 東京都文京区本郷 7-3-1 東大構内
　　　電話 03-3811-8814・振替 00160-6-59964

印刷所　　三美印刷株式会社
製本所　　有限会社永澤製本所

---

　　　　Ⓒ 1992 Isamu Hirota
　　　ISBN 4-13-064701-6 Printed in Japan

Ⓡ〈日本複写権センター委託出版物〉
本書の全部または一部を無断で複写複製(コピー)することは，著作権法上での例外を除き，禁じられています．本書からの複写を希望される場合は，日本複写権センター(03-3401-2382)に御連絡ください．

本書はデジタル印刷機を採用しており、品質の経年変化についての充分なデータはありません。そのため高湿下で強い圧力を加えた場合など、色材の癒着・剥落・磨耗等の品質変化の可能性もあります。

## グローバル気象学　気象の教室1

2023年12月5日　　　発行　⑥

著　者　　廣田　勇
発行所　　一般財団法人　東京大学出版会
　　　　　代表者　　吉見俊哉
　　　　　〒153-0041
　　　　　東京都目黒区駒場4-5-29
　　　　　TEL03-6407-1069　FAX03-6407-1991
　　　　　URL　http://www.utp.or.jp/
印刷・製本　大日本印刷株式会社
　　　　　URL　http://www.dnp.co.jp/

ISBN978-4-13-009007-0
Printed in Japan
本書の無断複製複写（コピー）は、特定の場合を除き、
著作者・出版社の権利侵害になります。